Zouhaier Romdhani

Colorimétrie et Chimie des Colorants

Zouhaier Romdhani

Colorimétrie et Chimie des Colorants

Généralités et applications

Presses Académiques Francophones

Impressum / Mentions légales
Bibliografische Information der Deutschen Nationalbibliothek: Die Deutsche Nationalbibliothek verzeichnet diese Publikation in der Deutschen Nationalbibliografie; detaillierte bibliografische Daten sind im Internet über http://dnb.d-nb.de abrufbar.
Alle in diesem Buch genannten Marken und Produktnamen unterliegen warenzeichen-, marken- oder patentrechtlichem Schutz bzw. sind Warenzeichen oder eingetragene Warenzeichen der jeweiligen Inhaber. Die Wiedergabe von Marken, Produktnamen, Gebrauchsnamen, Handelsnamen, Warenbezeichnungen u.s.w. in diesem Werk berechtigt auch ohne besondere Kennzeichnung nicht zu der Annahme, dass solche Namen im Sinne der Warenzeichen- und Markenschutzgesetzgebung als frei zu betrachten wären und daher von jedermann benutzt werden dürften.

Information bibliographique publiée par la Deutsche Nationalbibliothek: La Deutsche Nationalbibliothek inscrit cette publication à la Deutsche Nationalbibliografie; des données bibliographiques détaillées sont disponibles sur internet à l'adresse http://dnb.d-nb.de.
Toutes marques et noms de produits mentionnés dans ce livre demeurent sous la protection des marques, des marques déposées et des brevets, et sont des marques ou des marques déposées de leurs détenteurs respectifs. L'utilisation des marques, noms de produits, noms communs, noms commerciaux, descriptions de produits, etc, même sans qu'ils soient mentionnés de façon particulière dans ce livre ne signifie en aucune façon que ces noms peuvent être utilisés sans restriction à l'égard de la législation pour la protection des marques et des marques déposées et pourraient donc être utilisés par quiconque.

Coverbild / Photo de couverture: www.ingimage.com

Verlag / Editeur:
Presses Académiques Francophones
ist ein Imprint der / est une marque déposée de
OmniScriptum GmbH & Co. KG
Heinrich-Böcking-Str. 6-8, 66121 Saarbrücken, Deutschland / Allemagne
Email: info@presses-academiques.com

Herstellung: siehe letzte Seite /
Impression: voir la dernière page
ISBN: 978-3-8416-2272-3

Copyright / Droit d'auteur © 2015 OmniScriptum GmbH & Co. KG
Alle Rechte vorbehalten. / Tous droits réservés. Saarbrücken 2015

TABLE DES MATIERES

CHAPITRE I : COLORIMETRIE ET ETUDE DE LA COULEUR --- 1
- I. INTRODUCTION --- 1
- II. L'INTERACTION LUMIERE-MATIERE --- 1
  - II.1. Introduction --- 1
  - II.2. La physique de l'interaction lumière-matière --- 1
    - II.2.1. La lumière --- 1
    - II.2.2. La matière --- 2
    - II.2.3. La réflectance --- 2
    - II.2.4. La couleur --- 3
- III. REPRESENTATION DE LA COULEUR --- 3
  - III.1. Introduction --- 3
  - III.2. Systèmes Primaires --- 4
    - III.2.1. Espace LMS --- 4
    - III.2.2. Espace RGB --- 5
    - III.2.3. L'espace XYZ --- 8
  - III.3. Les Espaces Colorimétriques Uniformes --- 10
    - III.3.1. L'espace $X_{10}Y_{10}Z_{10}$ --- 10
    - III.3.2. L'espace CIE 1964 (u*,v*,w*) --- 11
    - III.3.3. L'espace CIE 1976 (L*, u*, v*) --- 11
    - III.3.4. L'espace CIE 1976 (L*, a*, b*) --- 12
  - III.4. Systèmes perceptuels --- 13
  - III.5. Système de couleur indépendant --- 14
- IV. PERCEPTION DE LA COULEUR --- 14
  - IV.1. Introduction --- 14
  - IV.2. La Colorimétrie --- 15
    - IV.2.1. La longueur d'onde dominante (λ) --- 15
    - IV.2.2. La pureté d'excitation --- 15
    - IV.2.3. Le facteur de luminance (L^*) --- 15
  - IV.3. Caractéristiques d'une couleur --- 15
    - IV.3.1. Ton et couleur --- 16
    - IV.3.2. Clarté ou valeur d'une couleur --- 16
    - IV.3.3. La saturation --- 16
- V. SYNTHESE DE LA COULEUR --- 17

V.1. La synthèse additive -- 17
V.2. La synthèse soustractive -- 18
CHAPITRE II : CHIMIE DES COLORANTS -- 20
I. INTRODUCTION -- 20
II. DEFINITIONS -- 20
II.1. Constitution -- 20
II.2. Dénomination --- 21
III. CLASSIFICATION DES COLORANTS -- 22
III.1. Classification chimique --- 22
III.1.1. Les colorants indigoïdes -- 24
III.1.2. Les colorants azoïques -- 24
III.1.3. Les colorants triphénylméthanes --- 25
III.1.4. Les colorants anthraquinoniques --- 25
III.1.5. Les colorants xanthènes -- 26
III.1.6. Les colorants phtalocyanines -- 26
III.1.7. Les colorants thiazoles -- 27
III.1.8. Les colorants stilbènes -- 27
III.1.9. Les colorants aminocetones --- 28
III.1.10. Les colorants formazans -- 29
III.2. Classification tinctoriale -- 30
III.2.1. Les Colorants acides -- 30
III.2.2. Les colorants à mordant où chromatables ------------------------------------ 31
III.2.3. Les colorants métallifères --- 33
III.2.4. Les colorants directs -- 34
III.2.5. Les colorants cationiques -- 38
III.2.6. Les colorants au soufre --- 39
III.2.7. Les colorants de cuve --- 42
III.2.8. Les colorants réactifs --- 45
III.2.9. Les colorants azoïques --- 48
III.2.10. Les colorants plastosolubles (dispersés) ------------------------------------- 49
III.2.11. Les colorants d'oxydation -- 49
III.2.12. Pigments colorés --- 50
III.3. Autres classification -- 50
IV. LES PRODUITS AUXILIAIRES --- 50
IV.1. Les tensioactifs --- 50
IV.2. Les différentes catégories de tensioactifs --- 50
IV.2.1. Les tensioactifs anioniques -- 50

IV.2.2. Les tensioactifs non ioniques --- 51
IV.2.3. Les tensioactifs cationiques --- 51
IV.2.4. Les tensioactifs amphotères --- 51
IV.3. Les propriétés chimiques des tensioactifs --- 52
    IV.3.1. La concentration micellaire critique (CMC) --------------------------------------- 52
    IV.3.2. Le rapport hydrophile-lipophile (HLB) --- 52
IV.4. Les adjuvants --- 53
IV.5. Les agents de pH -- 53
IV.6. Les agents phosphatés --- 53
IV.7. Les complexants --- 53
IV.8. Les additifs divers -- 53
    IV.8.1. Les charges --- 53
    IV.8.2. Les épaississants --- 53
    IV.8.3. Les agents dispersants -- 53
    IV.8.4. Les antimousses -- 54
    IV.8.5. Les enzymes -- 54
    IV.8.6. Les agents de blanchiment --- 54
    IV.8.7. Les diluants --- 54
    IV.8.8. Les mouillants -- 54
    IV.8.9. Azurage optique --- 54

CHAPITRE I : COLORIMETRIE ET ETUDE DE LA COULEUR

I. INTRODUCTION

La sensation de lumière ou de couleur perçue par l'œil ou par un capteur est issue de phénomènes physiques complexes qui sont eux universels. Ils résultent d'une interaction entre trois éléments : la lumière, la matière et l'observateur.

Les phénomènes physiques de l'interaction entre la lumière et la matière sont à présent bien compris. Ils peuvent être mesurés et même modélisés. Ce n'est pas tout à fait le cas de la perception qu'en a un observateur, puisqu'elle est liée à la psychologie de l'individu, et est donc difficilement quantifiable. Bien que la vision de la couleur procure des informations non mesurables objectivement, l'essor industriel a accéléré l'étude de la colorimétrie et la création de systèmes de mesure standardisés, à savoir les espaces couleur.

II. L'INTERACTION LUMIERE-MATIERE

II.1. Introduction

L'information lumineuse reçue sur le capteur provient de phénomènes physiques complexes relatifs à l'interaction entre la lumière et la matière, qui sont quant à eux universels. Ainsi, un grand nombre de paramètres influent directement sur la lumière réfléchie dans une direction donnée par la surface d'un objet : l'angle d'éclairage, le nombre de sources lumineuses utilisées, leur géométrie, leurs caractéristiques photoniques, la position du capteur par rapport à l'objet observé et aux sources lumineuses, mais également la nature physique de l'objet.

II.2. La physique de l'interaction lumière-matière

II.2.1. La lumière

La lumière repose sur une dualité onde-corpuscule. Les rayons lumineux sont des ondes électromagnétiques définies par leur fréquence ν, et leur longueur d'onde λ. La lumière peut être vue comme une superposition d'ondes monochromatiques∗ caractérisées par leurs longueurs d'onde et par l'énergie qu'elles transportent. La lumière peut se caractériser d'un point de vue énergétique et d'un point de vue spectral [1].

II.2.1.1. Grandeurs énergétiques

Les grandeurs énergétiques relatives à la lumière :

- o L'énergie
- o Le flux énergétique
- o L'éclairement
- o L'intensité énergétique
- o La luminance énergétique

II.2.1.2. Répartition spectrale

Le rayon lumineux se distingue par sa répartition spectrale d'énergie $E(\lambda)$, qui est la quantité d'énergie émise par intervalle de longueur d'onde. L'illumination, ensemble de sources lumineuses, varie d'un objet à un autre qui est appelée illuminant. Ces illuminant sont standardisés par la CIE (fig.1). On trouve plusieurs illuminant tels que l'illuminant A, B, C, E, F et D_{65} [2].

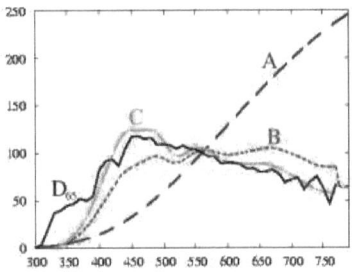

Fig.1 : Luminance énergétique des illuminant normalisés.

II.2.2. La matière

La lumière provenant d'une source lumineuse, appelée, réagit avec une surface avant d'être réémise. De même, cette énergie réémise dans l'environnement peut interagir avec d'autres surfaces. Les phénomènes de réflexion ne peuvent s'expliquer qu'en considérant les caractéristiques optiques intrinsèques des matériaux, puisqu'elles sont directement liées au type de surface, et aux propriétés physiques des matériaux [3].

II.2.3. La réflectance

La réflectance est définie comme le rapport de la radiance sur l'irradiance. On appelle réflectance spectrale $R(\lambda)$ d'une surface le rapport de la radiance spectrale $L(\lambda)$ émise par un échantillon de surface dA sur l'irradiance spectrale $E(\lambda)$ reçue par ce même échantillon de surface (fig.2).

$$\mathcal{R}(\lambda) = \frac{\mathcal{L}(\lambda)}{\mathcal{E}(\lambda)}$$

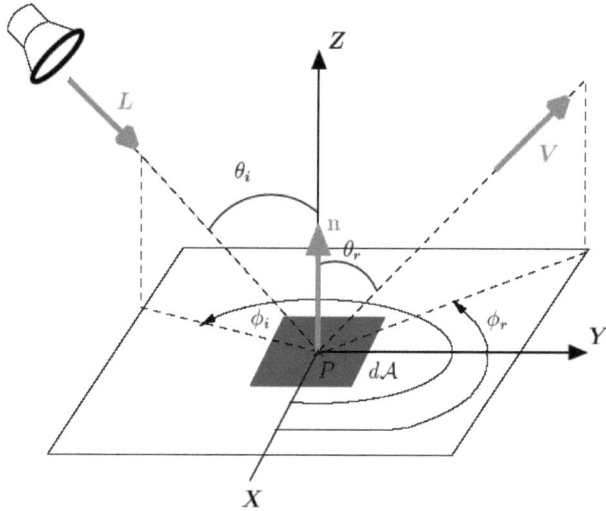

Fig.2 : Paramètres géométriques décrivant le phénomène d'interaction lumière-matière-observateur

II.2.4. La couleur

Dans cet intervalle de longueurs d'onde associé à la lumière visible, on distingue différents domaines correspondant à des stimulations colorées distinctes. Dans l'ordre croissant de longueur d'onde, on trouve le violet, le bleu, le vert, le jaune, l'orange et le rouge. La couleur est une sensation humaine dont l'étude psychologique et scientifique a débuté il y a plus d'un siècle.

III. REPRESENTATION DE LA COULEUR

III.1. Introduction

Les espaces couleur peuvent être classés suivant quatre grandes familles : les systèmes de primaires, les systèmes perceptuellement uniformes, les systèmes perceptuels, qui sont basés sur les attributs de perception de la couleur, et enfin les systèmes d'axes indépendants. Définis à l'origine dans le cadre strict de la colorimétrie, ils sont à présent largement exploités en vision par ordinateur.

III.2. Systèmes Primaires

III.2.1. Espace LMS

Sous l'action de la lumière, des influx nerveux apparaissent au niveau de la rétine. Ces influx persistent sur celle-ci pendant 1/50 à 1/30ème de seconde après la fin de l'excitation lumineuse. Donc la rétine est sensible aux différences d'intensité lumineuse. C'est la présence des cônes dans la rétine qui permet la perception des différentes couleurs. Ces couleurs ne sont perçues qu'à partir d'une certaine intensité du faisceau lumineux appelée seuil chromatique. Les facteurs commandant l'excitation de la rétine par la lumière, sont au nombre de trois.

La longueur d'onde

Les radiations lumineuses, c'est-à-dire celles qui sont perçues par l'œil sont comprises entre 0,4 et 0,7 microns de longueur d'onde.

L'intensité

Pour qu'une lumière soit perçue, il faut que son intensité lumineuse soit supérieure à un certain seuil limite.

La durée

Donc chaque cône, L, M ou S est sensible à une certaine plage de longueurs d'ondes. la sensibilité de chaque cône aux différentes longueurs d'ondes peut être décrite par trois fonctions, $l(\lambda), m(\lambda)$ et $s(\lambda)$ décrivant la sensibilité des cônes L, M et S à chaque longueur d'onde. La réponse d'un cône étant proportionnelle à la somme de ses excitations, la réponse (c1, c2, c3) des cônes L, M et S à un spectre $f(\lambda)$ donné peut être modélisée par:

$$c1 = \int l(\lambda) f(\lambda) d\lambda$$

$$c2 = \int m(\lambda) f(\lambda) d\lambda$$

$$c3 = \int s(\lambda)f(\lambda)d\lambda$$

Si l'on échantillonne les fonctions f, l, m et s on peut considérer celles-ci comme des vecteurs de taille N. L'équation précédente peut donc se réécrire sous la forme :

$$c1 = \sum_{i=1}^{N} l(\lambda_i)f(\lambda_i)$$

$$c2 = \sum_{i=1}^{N} m(\lambda_i)f(\lambda_i)$$

$$c3 = \sum_{i=1}^{N} s(\lambda_i)f(\lambda_i)$$

Où ($\lambda_1, ..., \lambda_N$) représente nos N échantillons. Si l'on pose :

$$S^t = \begin{pmatrix} l_{\lambda_1} & ... & l_{\lambda_N} \\ m_{\lambda_1} & ... & m_{\lambda_N} \\ s_{\lambda_1} & ... & s_{\lambda_N} \end{pmatrix}$$

Où S^t représente la transposée de S, d'où ce calcul intégral peut s'écrire sous la forme d'un produit matriciel :

$$C = S^t f$$

Il s'agit d'une projection du spectre f sur le sous espace engendré par les vecteurs l, m et s. Ce sous espace appelé Le sous espace Visuel Humain décrit la partie des spectres que nous sommes capables de percevoir.

III.2.2. Espace RGB

Les stimuli monochromatiques visibles ont été étalonnés par 10 observateurs en utilisant les 3 primaires monochromatiques. Sept observateurs ont été utilisés avec les primaires non monochromatiques mais à l'aide des filtres.

D'après ces expériences la CIE a défini le système RGB :

- les primaires sont des stimuli de couleur monochromatiques
- les égalisations des stimuli monochromatiques sont effectuées par mélanges additifs algébriques des quantités nécessaires des trois primaires, en utilisant un champ visuel d'une étendue angulaire de 2°.
- Les composantes trichromatiques spectrales sont obtenues par décomposition des stimuli monochromatiques de même flux énergétiques. Les fonctions colorimétriques $\overline{r(\lambda)}$, $\overline{g(\lambda)}$ et $\overline{b(\lambda)}$ qui s'en déduisent sont relatives aux primaires R, G et B.
- En combinant les fonctions colorimétriques $\overline{r(\lambda)}$, $\overline{g(\lambda)}$ et $\overline{b(\lambda)}$ il est possible d'obtenir une fonction identique à celle de $V(\lambda)$.

$$V(\lambda) = \overline{r(\lambda)} + 4.5907\,\overline{g(\lambda)} + 0.0601\,\overline{b(\lambda)}$$

D'après la définition de couleur et en relation avec cellules de la rétine LMS, on a les fonctions suivantes :

$$R = \int r(\lambda) S t d\lambda$$

$$G = \int g(\lambda) S t d\lambda$$

$$B = \int b(\lambda) S t d\lambda$$

Alors que la matrice de passage entre les deux systèmes LMS et RGB est :

$$\begin{pmatrix} L_r & L_g & L_b \\ M_r & M_g & M_b \\ S_r & S_g & S_b \end{pmatrix} \begin{bmatrix} R \\ G \\ B \end{bmatrix} = \begin{bmatrix} L \\ M \\ S \end{bmatrix}$$

Une couleur quelconque peut être décrite comme la combinaison linéaire de trois couleurs primaires [R], [G], [B] : $C = R[R] + G[G] + B[B]$ les trois coefficients R, G, B sont appelés les *composantes trichromatiques*. Chaque couleur est caractérisée par ses composantes trichromatiques. Sur la fig.3 sont représentées les trois fonctions $\overline{r(\lambda)}, \overline{g(\lambda)}$ et $\overline{b(\lambda)}$ qui donnent la valeur de ces coefficients (R, G, B) pour reproduire une couleur de longueur d'onde donnée. Ainsi, pour reproduire la couleur correspondant à la longueur d'onde 580 nm on a sensiblement :

$C580 = 0,24[R] + 0,14[G] + 0[B]$ les trois fonctions $\overline{r(\lambda)}$, $\overline{g(\lambda)}$ et $\overline{b(\lambda)}$ sont appelées les *fonctions colorimétriques*. Cependant ce système présente un inconvénient majeur. On remarque en effet qu'il n'est pas possible de reconstituer par synthèse additive une couleur correspondant à la longueur d'onde 500 nm par exemple, car dans ce cas le coefficient correspondant à la couleur rouge est négatif : $C500 = -0,07[R] + 0,08[G] + 0,04[B]$ Ce terme négatif signifie que l'égalité des couleurs des deux plages d'un colorimètre éclairé par une source de longueur d'onde 500 nm ne pourra être obtenue que si une source rouge supplémentaire est ajoutée du côté de la source lumineuse étudiée. $C500 + 0,07[R] = 0,08[G] + 0,04[B]$ Pour remédier à cet inconvénient, la CIE (Commission Internationale de l'éclairage) a défini en 1931 un autre repère : la base (X, Y, Z).

Maxwell a présenté un espace couleur sous la forme d'un triangle dont les sommets sont le rouge, le vert et le bleu. On retrouve ce triangle dans l'espace RGB, perpendiculaire à l'axe achromatique et dont les sommets correspondent aux extrémités des axes chromatiques (voir fig.4). Dans ce triangle chaque couleur est référencée par ses *coordonnées trichromatiques* qui correspondent aux composantes trichromatiques normalisées par rapport à la luminance (ou coordonnées réduites) :

$$r = \frac{R}{R+G+B}, \quad g = \frac{G}{R+G+B}, \quad b = \frac{B}{R+G+B} \quad \text{Avec} \quad r + g + b = 1$$

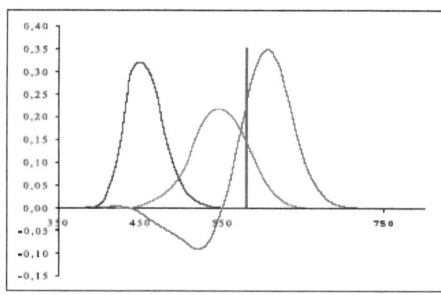

Fig.3 : Fonctions colorimétriques du système RGB

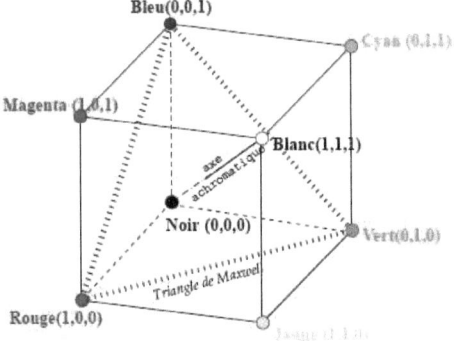

Fig.4 : Représentation de la couleur du système RGB

III.2.3. L'espace XYZ

L'utilisation des primaires réelles, monochromatiques ou non, conduit toutefois à des inconvénients pratiques, pour n'importe quel ensemble de trois primitives données, il est nécessaire d'introduire des composantes trichromatiques négatives, afin d'égaliser certaines couleurs pures ou très saturées. Pour cette raison, le système colorimétrique (X, Y, Z) de la CIE a été défini afin d'éliminer ces valeurs négatives. Trois primaires virtuels ont tété défini pour satisfaire le calcul colorimétrique.

Ces stimuli n'existent pas physiquement et ne constituent ni des rayonnements, ni des sensations réels. Donc expérimentalement n'est pas possible d'obtenir des égalisations visuelles à l'aide de ces trois primaires.

Les fonctions colorimétriques $\overline{x(\lambda)}$, $\overline{y(\lambda)}$ et $\overline{z(\lambda)}$ associés au système sont obtenues par calcul à partir du système (R, G, B).

$$\begin{pmatrix} \overline{x(\lambda)} \\ \overline{y(\lambda)} \\ \overline{z(\lambda)} \end{pmatrix} = \begin{pmatrix} 2.7688 & 1.7517 & 1.1301 \\ 1 & 4.5907 & 0.0601 \\ 0.00001 & 0.0565 & 5.5942 \end{pmatrix} \begin{pmatrix} \overline{r(\lambda)} \\ \overline{g(\lambda)} \\ \overline{b(\lambda)} \end{pmatrix}$$

On passe de la base (R, V, B) à la base (X, Y, Z) par une opération linéaire.

Le calcul de ces stimuli se fait comme suit :

$$X = Km \int \overline{x(\lambda)} S^t(\lambda) d\lambda$$

$$Y = Km \int \overline{y(\lambda)} S^t(\lambda) d\lambda$$

$$Z = Km \int \overline{z(\lambda)} S^t(\lambda) d\lambda$$

Avec Km = 683 lumen/watt

$$\begin{pmatrix} X \\ Y \\ Z \end{pmatrix} = \begin{pmatrix} 0.166 & 0.125 & 0.093 \\ 0.060 & 0.327 & 0.005 \\ 0.000 & 0.004 & 0.46 \end{pmatrix} \begin{pmatrix} R \\ G \\ B \end{pmatrix}$$

Les trois nouvelles fonctions colorimétriques $\overline{x(\lambda)}$, $\overline{y(\lambda)}$ et $\overline{z(\lambda)}$ sont représentées par la fig.5 :

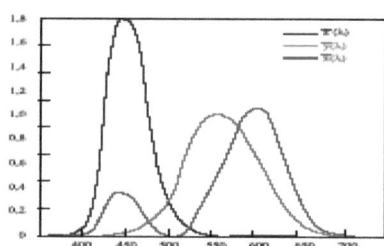

Fig.5 : Fonctions colorimétriques du système (X, Y, Z)

Les coordonnées trichromatiques d'un quelconque stimulus de couleur s'obtiennent identiquement à partir de ses composantes trichromatiques. On a donc :

x = X/(X+Y+Z)

y = Y/(X+Y+Z)

z = Z/(X+Y+Z)

Avec

$x + y + z = 1$

Par conséquent la connaissance de deux grandeurs par exemple (x, y) est suffisante puisque la troisième grandeur s'en déduit immédiatement. La représentation des couleurs dans le plan (x, y) est appelée diagramme de chromaticité. Ce nouveau choix de couleurs primaires (X, Y, Z) présente trois avantages par rapport à la base (R,V, B) :

- les composantes trichromatiques sont toujours positives.
- la composante Y correspond à la luminance de la source ce qui permet de faire un lien avec la photométrie puisque la courbe $y(\lambda)$ coïncide avec la courbe de réponse de l'œil
- l'illuminant de couleur blanche a sensiblement pour coordonnées trichromatiques (1/3, 1/3, 1/3).

Il a été décrit ici succinctement deux repères : TSL et XYZ, il en existe d'autres. Il est effectivement difficile de tenir compte de tous les facteurs simultanément d'autant plus qu'interviennent des facteurs humains.

III.3. Les Espaces Colorimétriques Uniformes

La CIE a normalisé des espaces issus de la transformation non linéaire des espaces primaires tels que les espaces $X_{10}Y_{10}Z_{10}$, u*v*w*, L*u*v* et L*a*b*.

III.3.1. L'espace $X_{10}Y_{10}Z_{10}$

Les mesures qui avaient servi de base expérimentale pour déterminer l'observateur de référence en 1931 s'appuyaient sur une région centrale et petite de la rétine en utilisant un champ visuel d'une étendue angulaire de 2°. De plus, les valeurs que prenaient les fonctions colorimétriques dans les courtes longueurs d'ondes (380 à 460 nm) apparaissaient trop basses de fait de l'éventuelle participation des bâtonnets dans les égalisations colorimétriques.

Des expériences plus récentes ont donc été effectués à l'aide, là encore, de mélanges additifs de lumière rouge, verte et bleue mais en utilisant un champ visuel d'une étendue angulaire de 10°.

Ces expériences ont permis de calculer les fonctions colorimétriques $\overline{r_{10}}(\lambda)$, $\overline{g_{10}}(\lambda)$ et $\overline{b_{10}}(\lambda)$. En passant du système (R_{10}, G_{10}, B_{10}), engendré par les primaires monochromatiques de longueur d'onde 645.2 nm pour le rouge, 526.3 nm pour le vert et 444.4 nm pour le bleu, au système (X_{10}, Y_{10}, Z_{10}) par une transformation linéaire du même type que celle utilisée dans le système CIE 1931 (X, Y, Z), les fonctions colorimétriques obtenues ne comportent pas de valeurs négatives. Les primaires X_{10}, Y_{10} et Z_{10} sont tout aussi « imaginaires » que les primaires X, Y et Z.

III.3.2. L'espace CIE 1964 (u*,v*,w*)

Elle est basée sur l'emploi du diagramme d chromaticité suggéré par MacAdam et qui l'étendit à une troisième dimension en 1964 [4].

Cette espace est définie par les relations suivantes :

$$u^* = 13w^*(u - u_n^{'})$$
$$v^* = 13w^*(v - v_n^{'})$$
$$w^* = 25Y^{1/3} - 17$$

Avec

$$u = 4x/(-2x + 12y + 3) = 4x/(X + 15Y + 3Z)$$
$$v = 6y/(-2x + 12y + 3) = 6Y/(X + 15Y + 3Z)$$

Où u'$_n$ et v'$_n$ représentent les coordonnées du diffuseur parfait dans le diagramme de chromaticité uniforme suivant l'illuminant choisi (par exemple avec l'illuminant D_{65} et l'observateur CIE 1931, 2°, u'$_n$ = 0.1978 et v'$_n$ = 0.3122).

Cette espace ayant un peu de succès ce qui recommandera la CIE en 1976 l'emploi de deux autres espaces.

III.3.3. L'espace CIE 1976 (L*, u*, v*)

Cet espace est une modification de l'espace CIE 1964 (u*, v*, w*) qu'il remplace et il est obtenu à l'aide des formules suivantes :

$$L^* = 116(Y/Y_n)^{1/3} - 16 \: pour \: Y/Y_n \geq 0.008856$$

Où :

$$L^* = 903.3(Y/Y_n) \: pour \: Y/Y_n \leq 0.008856$$

Avec

$$u^* = 13L^*(u^{'} - u_n^{'})$$
$$v^* = 13L^*(v^{'} - v_n^{'})$$

Avec

$$u' = 4x/(-2x+12y+3) = 4X/(X+15Y+3Z)$$
$$v' = 9y/(-2x+12y+3) = 9Y/(X+15Y+3Z)$$

III.3.4. L'espace CIE 1976 (L*, a*, b*)

Cette espace approximativement uniforme a pour origine l'espace défini par Adams et Nickerson. Les formules de transformation sont :

Où :
$$L^* = 116(Y/Y_n)^{1/3} - 16 \text{ pour } Y/Y_n \geq 0.008856$$
$$L^* = 903.3(Y/Y_n) \text{ pour } Y/Y_n \leq 0.008856$$

$$a^* = 500\left[f(X/X_n) - f(Y/Y_n)\right]$$

$$b^* = 200\left[f(Y/Y_n) - f(Z/Z_n)\right]$$

Avec
$$\begin{cases} f(X/X_n) = (X/X_n)^{1/3} \text{ si } X/X_n > 0.008856 \\ f(X/X_n) = 7.787(X/X_n) + 16/116 \text{ si } X/X_n \leq 0.008856 \end{cases}$$
$$\begin{cases} f(Y/Y_n) = (Y/Y_n)^{1/3} \text{ si } Y/Y_n > 0.008856 \\ f(Y/Y_n) = 7.787(Y/Y_n) + 16/116 \text{ si } Y/Y_n \leq 0.008856 \end{cases}$$
$$\begin{cases} f(Z/Z_n) = (Z/Z_n)^{1/3} \text{ si } Z/Z_n > 0.008856 \\ f(Z/Z_n) = 7.787(Z/Z_n) + 16/116 \text{ si } Z/Z_n \leq 0.008856 \end{cases}$$

Les coordonnées a^* et b^* représentent respectivement une opposition entre les axes X et Y et Y et Z (fig.6). Les sensibilités à chacun de ses axes sont à nouveau modélisées par la fonction f.

La distance entre deux couleurs C1 et C2 de coordonnées (L_1^*, u_1^*, v_1^*) et (L_2^*, u_2^*, v_2^*) dans le système et de coordonnées (L_1^*, a_1^*, b_1^*) et (L_2^*, a_2^*, b_2^*) dans le système est alors définie par la distance euclidienne :

Dans le système (L, u, v)

$$d(C_1, C_2) = \sqrt{(L_1^* - L_2^*)^2 + (u_1^* - u_2^*)^2 + (v_1^* - v_2^*)^2}$$

Dans le système (L, a, b)

$$d(C_1, C_2) = \sqrt{(L_1^* - L_2^*)^2 + (a_1^* - a_2^*)^2 + (b_1^* - b_2^*)^2}$$

Suivant une étude menée sur le sujet par Pointer, il semble qu'aucun des deux espaces CIE et ne soit significativement plus uniforme que l'autre. Il semble toutefois que l'espace tombe peu à peu en désuétude au bénéfice de l'espace.

La conversion entre les espaces et où impose de passer par l'espace, de calculer une racine cubique et d'effectuer plusieurs divisions. Cette transformation implique donc souvent un surcoût de calcul non négligeable qu'il est souvent important de considérer lorsque l'on envisage le choix d'un espace de couleurs.

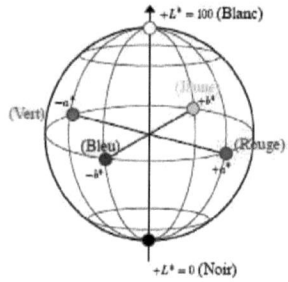

Fig.6 : Espace CIE 1976 (L*, a*, b*).

III.4. Systèmes perceptuels

Munsell a étudié les couleurs selon une méthode systématique en utilisant les attributs associés à la perception subjective de la couleur qui ont été défini par Maxwell [5], tel que la teinte (hue), la luminosité (value) et la saturation (chroma). Se basant sur le même principe Ostwald définit un Alphabet des couleurs: la proportion de couleur, la proportion de blanc et la proportion de noir.

D'autres systèmes ont été mis en place en partant des espaces perceptuels uniformes tels que les espaces L*H*C* et L*H*S*et l'espace de cône hexagonal HSV (Hue-Saturation-Value) donné par la fig.7. Les différentes composantes sont exprimées comme suit :

$$H = \arctan\left(\frac{\sqrt{3}(G-B)}{2R-G-B}\right)$$

$$V = \max(R, G, B)$$

$$S = \frac{\max(R,G,B) - \min(R,G,B)}{\max(R,G,B)} \; si \max(R,G,B) \neq 0 \, sinon \, S = 0$$

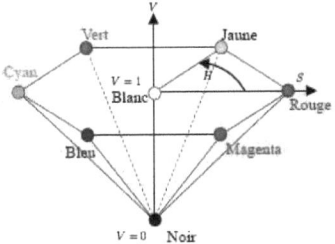

Fig.7 : Système hexagonal HSV

III.5. Système de couleur indépendant

Les différents paramètres de couleur ont été déterminés par Ohta (1980) en utilisant une transformation Karhunen-Loeve (KLT) qui est une référence des composantes RGB. Les composantes sont définies comme suit :

$$I_1 = \frac{R+G+B}{3}, I_2 = \frac{R-B}{2}, I_3 = \frac{2G-R-B}{4}$$

IV. PERCEPTION DE LA COULEUR

IV.1. Introduction

La perception de la couleur repose sur une dualité : son origine physique et l'interprétation de sa perception sous la forme d'une sensation visuelle. La "mesure" de la couleur est donc de nature complexe et oblige à faire appel à deux systèmes de mesure différents, l'un fondé sur l'analyse physique de l'énergie rayonnante, l'autre sur l'évaluation visuelle de l'apparence des sensations colorées.

Dans le premier cas, il s'agit de la colorimétrie et dans le second de la psychométrie, encore appelée "mesure psychométrique" ou "colorimétrie supérieure". Si la mesure colorimétrique est essentiellement quantitative, la mesure psychométrique est également qualitative. De même, si le premier système convient parfaitement au physicien et au scientifique en général, le second fait le bonheur de l'artiste et du coloriste pour qui le qualitatif prime sur le quantitatif.

IV.2. La Colorimétrie

La colorimétrie est essentiellement objective et constitue un langage chromatique précis qui s'oppose à l'approximation très grossière des termes du langage courant. Si elle n'intéresse que médiocrement l'artiste, elle constitue pour les techniciens le seul moyen d'assurer un langage commun et sûr entre eux. La spécification d'une couleur en colorimétrie requiert trois valeurs numériques qui permettent de chiffrer et de fixer celle-ci sans ambiguïté.

IV.2.1. La longueur d'onde dominante (λ)
Elle correspond à la longueur d'onde de la couleur pure qui se rapproche le plus. Elle correspond aux termes "*teinte*" (langage courant) et "*tonalité*" (psychométrie)

IV.2.2. La pureté d'excitation
Elle exprime la vivacité d'une teinte, c'est à dire comment la couleur considérée se rapproche plus ou moins de la couleur pure correspondante. Elle correspond aux termes "*pureté*" (langage courant) et "*saturation*" (psychométrie). Elle s'exprime en pourcentage. La radiation pure vaut 100, le neutre 0.

IV.2.3. Le facteur de luminance (L^*)
Elle correspond à l'énergie globale réfléchie par une surface, colorée ou non. Elle correspond aux termes "luminosité" (*langage courant*) et "*clarté*" (psychométrie). Elle s'exprime en pourcentage et est comparée à un blanc de référence.

IV.3. Caractéristiques d'une couleur

Nous allons donner ici plus d'explications sur la signification des trois facteurs évoqués rapidement dans le paragraphe précédent, mais il faut tout d'abord remarquer que dès que l'on désire représenter l'ensemble des couleurs (visibles), il faut obligatoirement se placer dans un "espace" dont les trois dimensions sont la teinte (ou le ton, ou la couleur, ou la longueur d'onde...), la clarté (ou la valeur, ou la leucie...), la saturation (ou son contraire, la désaturation...) :

IV.3.1. Ton et couleur

Couleur est, dans le langage courant, un mot qui s'utilise à toute occasion au sujet du "phénomène couleur" et de toutes les applications qui peuvent s'y rattacher. Il est souvent employé pour ce qui est différent du noir et du blanc. Rappelons qu'une couleur pure ne contient ni blanc ni noir (et qu'elle n'est pas diluée). Elle est donc au maximum de sa saturation (S = 100 %). Pour les scientifiques, elle correspond à une longueur d'onde déterminée. Un ton est, théoriquement, l'ensemble des couleurs obtenues par toutes les désaturations d'une couleur pure que l'on peut réaliser avec des gris neutres, du blanc au noir. Un ton comporte donc, théoriquement, une infinité de couleurs, alors qu'il existe autant de tons que de couleurs pures, c'est à dire également une infinité ! Toutefois, notre oeil n'est capable d'en différencier que 150 à 200.

IV.3.2. Clarté ou valeur d'une couleur

C'est une notion difficile à acquérir et à ne pas confondre avec la saturation. La clarté est le degré de clair ou d'obscur d'une couleur, indépendamment de sa coloration. Deux couleurs pures différentes n'ont pas la même clarté : le jaune est plus clair que le violet, le cyan plus clair que le rouge... Sur une photo en noir et blanc, deux objets de couleurs différentes se retrouveront avec des gris identiques si leurs clartés sont les mêmes. La clarté peut se mesurer par comparaison avec une échelle de gris neutres. Elle s'évalue entre un maximum, le blanc (N = 0 %) et un minimum (N = 100 %), le noir, en faisant abstraction de la coloration.

IV.3.3. La saturation

Elle concerne le degré de coloration, déterminée en général par la fraction de radiation blanche contenue dans le rayonnement coloré. Une couleur pure sera saturée à 100 %. Par contre, si sa saturation atteint 0 %, il n'existe plus de dominante colorée, et la lumière perçue est dite "achromique".

D'une manière générale, l'aspect coloré d'une surface ou d'une lumière est le résultat de sa tonalité et de sa saturation. On groupe donc souvent ces deux caractéristiques en une seule propriété d'apparence, appelée la chromaticité. On exprime souvent les ordres de grandeur de la clarté et de la saturation à l'aide d'un même adjectif. Ce qui nous donne, par exemple :

Clair + saturé = vif
clair + lavé = pâle
foncé + saturé = profond
foncé + lavé = rabattu

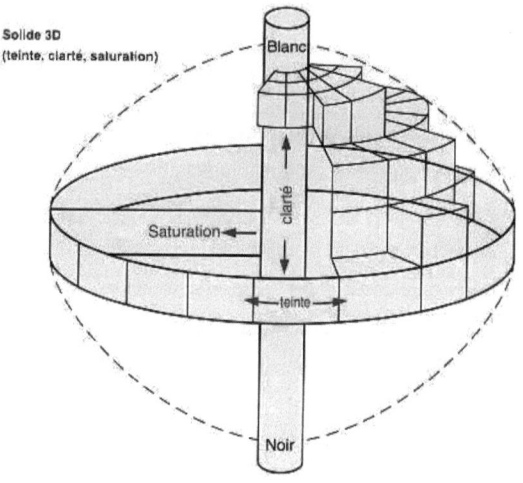

Fig.8 : Paramètres de couleur

V. SYNTHESE DE LA COULEUR

Il existe deux méthodes fondamentales permettant la création de couleurs :

V.1. La synthèse additive

Cette méthode part quelques lumières de couleurs différentes et, par addition, produit une lumière d'une autre couleur (fig. 9a). En général, on utilise dans ce cas trois faisceaux lumineux de couleur rouge, verte et bleue, chacune fournissant un tiers de la gamme des longueurs d'onde du spectre de la lumière. A condition d'adopter des proportions variées, on peut à partie de ces trois lumières obtenir pratiquement toutes les couleurs. Par ailleurs, la somme de ces trois couleurs de base (à intensité égale) donne du blanc. Ce principe de synthèse additive est utilisé pour la reconstitution des images couleur en télévision ou sur écran d'ordinateur.

V.2. La synthèse soustractive

Cette méthode part de la lumière blanche, qui contient toutes les couleurs et, par suppression de certaines couleurs en utilisant des filtres, permet d'obtenir la couleur désirée (fig.9b). Dans cette méthode, les couleurs de base sont en réalité des pigments, ou colorants, qui absorbent les ondes rouges, vertes ou bleues, en les soustrayant au mélange composant la lumière blanche. Les couleurs de ces colorants sont respectivement le cyan, le magenta et le jaune, qui sont d'ailleurs les couleurs complémentaires des trois couleurs de base de la synthèse additive. Lorsque les trois couleurs sont présentées à 100%, leur mélange donne du noir. Ce qui signifie que toutes les couleurs de la lumière blanche sont absorbées [6].

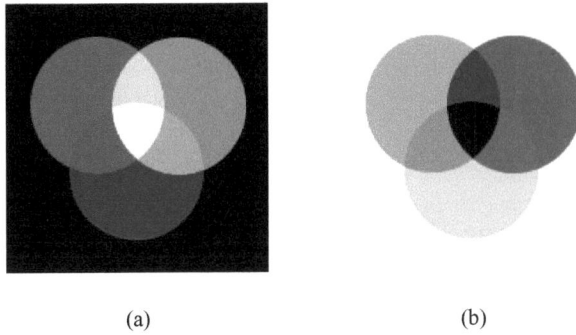

(a)　　　　　　(b)

Fig.9 : (a) Synthèse additive. (b) Synthèse soustractive.

V.3. Les lois de Grassmann

1ère loi : On peut reproduire n'importe quelle couleur (ou presque) par un mélange additif de trois couleurs (dites primaires). Les quantités de chacune des trois primaires définissent la couleur reproduite.

2ème loi : Principe d'additivité :

Soit une couleur C obtenue par un mélange additif de trois couleurs primaires en quantités m, n et p.

Soit une autre couleur C' obtenue par un mélange additif des trois couleurs primaires en quantités m', n' et p'.

On mélange maintenant les couleurs C et C' pour obtenir une couleur C''.

La couleur C'' peut être reproduite directement par un mélange additif des trois couleurs primaires en quantités :

$$m'' = m + m'$$

$$n'' = n + n'$$

$$p'' = p + p'$$

3ᵉᵐᵉ loi : Principe de multiplicité :

Soit une couleur C1 obtenue par un mélange additif de trois couleurs primaires en quantités m, n et p.

Soit une autre couleur C2 définie par km, kn et kp (k est un nombre positif pouvant être plus grand ou plus petit que 1.

La couleur C2 possède la même teinte et la même pureté que la couleur C1, mais elle a une brillance différente.

 Si k > 1 la couleur C2 est plus brillante que C1

 Si k < 1 la couleur C2 est moins brillante que C1

Il en résulte de ces trois lois que la qualité d'une couleur (teinte et pureté) ne dépend que des proportions relatives des primaires :

La couleur dépend de :

L'intensité de la couleur (brillance), dépend de chacune des quantités des primaires. L'intensité de la couleur dépend de km, kn et kp.

CHAPITRE II : CHIMIE DES COLORANTS

I. INTRODUCTION

Depuis l'antiquité, les colorants ont été appliqués dans toutes les sphères de notre vie quotidienne pour la peinture et la teinture du papier, de la peau et des vêtements, etc. Jusqu'à la moitié du 19ème siècle, les colorants appliqués étaient d'origine naturelle.

Par ailleurs, des colorants naturels organiques ont été appliqués, surtout dans l'industrie de textile. Ces colorants sont tous des composés aromatiques qui proviennent essentiellement des plantes, tel que l'alizarine et l'indigo.

L'industrie des colorants synthétiques est née en 1856 quand le chimiste anglais W. H. Perkin, dans une tentative de synthèse de la quinine artificielle pour soigner la malaria, a obtenu la première matière colorante synthétique qu'il appela "mauve" (aniline, colorant basique).

Ainsi, des nouveaux colorants synthétiques commencent à paraître sur le marché. Ce processus a été stimulé par la découverte de la structure moléculaire du benzène. En conséquence, au début du 20ème siècle, les colorants synthétiques ont complètement supplantés les colorants naturels [7]. Leur production mondiale des colorants synthétiques est estimée à 700 000 tonnes/an [8].

II. DEFINITIONS

Un colorant est défini comme étant un produit capable de teindre une substance d'une manière durable. Les matières colorantes se caractérisent par leur capacité à absorber les rayonnements lumineux dans le spectre visible. La molécule colorante est un chromogène. Le groupement chromophore est un certains nombre d'atomes qui permet la transformation de la lumière blanche en lumière colorée résultant d'une absorption sélective d'énergie. Le groupe auxochrome est donneur d'électrons (amino, hydroxy, alkoxy…) et il est placé sur un système aromatique conjugué.

II.1. Constitution

Un colorant c'est un assemblage de groupes chromophores, auxochromes et de structures aromatiques conjuguées (cycles benzéniques, anthracène, perylène, etc.).

Les colorants diffèrent les uns des autres par des combinaisons d'orbitales moléculaires. La coloration correspond aux transitions possibles après absorption du rayonnement lumineux entre ces niveaux d'énergie propres à chaque molécule.

D'une manière générale, il possède des groupements qui lui confèrent la couleur: appelés chromophores et des groupements qui permettent sa fixation: auxochromes.

- Des groupements chromophores responsables de l'effet coloré.
- Des groupements auxochromes auxquels la molécule doit ses propriétés d'affinités tinctoriales.

Ces colorants sont commercialisés sous différentes formes:

- Solide
- Liquide (solution concentrées, dispersion ou pâte)

Tableau.1 : Principaux groupes chromophores et auxochromes, classés par intensité croissante [9]

Groupements chromophores	Groupements auxochromes
Azo (—N==N—)	Amino (—NH2)
Nitroso (—NO ou —N—OH)	Méthylamino (—NHCH3)
Carbonyl (==C==O)	Diméthylamino (—N(CH3)2)
Vinyl (—C==C—)	Hydroxyl (—HO)
Nitro (—NO2 ou ==NO—OH)	Alkoxyl (—OR)
Sulphure (> C==S)	Groupements donneurs d'électrons

II.2. Dénomination

Les colorants sont des composés trop complexes pour que leurs noms commerciaux puissent exprimer leur constitution. Ainsi chaque colorant est désigné par sa couleur, sa marque commerciale et un code le caractérisant.

Exemple: violet brillant solanthrène 3B (ICI-FRANCOLOR)

Le code est composé de chiffres et de lettres pouvant avoir différents significations

B=bleuâtre

R=rougeâtre

J ou Y ou G=jaunâtre (yellow-Gelb)

Ainsi un violet qualifié de 3B sera plus bleu qu'un violet 2B ou B.

III. CLASSIFICATION DES COLORANTS

La classification des colorants peut être faite soit selon leur constitution chimique (colorant azoïque, anthraquinonique…), soit par domaine d'application c'est-à-dire classification commerciale (acide, réactif, direct,…). Comme on peut classer également ces différentes familles de colorants suivant leur solubilité.

III.1. Classification chimique

Cette classification se révèle fort utile pour les coloristes dont le rôle est de teindre un textile particulier avec la plus grande efficacité. Au sein de chaque classe, les molécules de colorants démontrent une affinité accrue pour un type de fibres et des propriétés tinctoriales définies. Les fibres de coton peuvent être teintes avec une grande variété de colorants parmi les classes tinctoriales suivantes : colorants directs (Direct dyes), azoïques (Azoic), de cuve (Vat), au soufre (Sulphur), réactifs (Reactive) et complexes métalliques (Metal complex).

La classification chimique des colorants se base sur la structure chimique du groupement chromophore caractérisant la molécule du colorant. Ce mode de classement n'est pas au centre de l'étude chimique qui va suivre, mais il permet de se rendre compte des mécanismes de fixation du colorant dans la fibre.

Les colorants sont repartis en 25 grandes classes structurales selon les groupes chimiques présents dans leur molécule, même si cette dernière n'est pas entièrement connue. Les colorants azo représentent la classe la plus importante, dont les sous-classes correspondent au nombre de groupes N=N dans la molécule. En excluant les colorants précurseurs et les colorants au soufre de constitution indéterminée, deux tiers des colorants listes dans le Colour Index appartiennent à cette classe, dont un sixième sous forme de complexes métalliques. La deuxième classe en ordre d'importance est celle des anthraquinones (15 %), suivie des triarylmethanes (3 %) et des phtalocyanines (2 %). Toutes les autres classes chimiques ne dépassent pas le pourcent.

Table II-1 : répartition de chaque classe chimique a travers les classes tinctoriales (%) [10]

Classe chimique	Acide	Basique	Direct	Dispersé	Mordant	Pigment	Réactif	Solvant	Cuve
Azoique non métallisé	20	5	30	12	12	6	10	5	
Azoique à complexe métallique	65		10				12	13	
Thiazole		5	95						
Stilbène			98					2	
Antraquinonique	15	2		25	3	4	6	9	36
Indigoide	2					17			81
Quinophtalone	30	20	40					10	
Aminoquetone	11			40	8		3	8	30
Phtalocyanine	14	4	8		4	9	43	15	3
Formazane	70						30		
Méthine	31	71		23		1		5	
Nitro, Nitrosé	35	2		48	2	5		12	
Triarylméthane	33	22	1	1	24	5		12	
Xanthène		16			9	2	2	38	
Acridine	39	92		4				4	
Azine		39					3	19	
Oxazine		22	17	2	40	9	10		
Thiazine		55			10			10	25

La répartition de chaque classe chimique dans les différentes classes tinctoriales est présentée à la table II-1. Les colorants stilbènes et thiazoles sont invariablement des colorants directs. Les acridines et les méthines sont habituellement des colorants basiques (pour l'acrylique), alors que les dérivés nitro, aminocetone et quinophtalone servent souvent de colorants disperses (pour le polyester). Les complexes métalliques azo et les formazans sont principalement des colorants acides (pour la laine), de même que parfois les phtalocyanines, plus souvent employées en tant que colorants réactifs. Les indigoïdes, de par l'aspect historique de la teinture sur toile jeans, sont clairement des colorants de cuve, au même titre que les anthraquinones, pourtant également présentes dans les classes acides, disperses ou réactifs.

III.1.1. Les colorants indigoïdes

Cette classe de colorants de cuve a subi un déclin progressif par rapport aux dérivés anthraquinones. Le dernier digne représentant de cette classe mais également le plus convoite a travers les siècles est l'indigo (Fig. II.1a). Jadis obtenu de manière naturelle, il fut à l'origine des premiers développements industriels de colorants synthétiques. L'indigo et le thioindigo (Fig. II.1b) possèdent un chromophore symétrique et peuvent exister sous deux formes cis et trans. Cette dernière est la plus stable et domine à l'état solide. Les colorants indigoïdes asymétriques (Fig. II.1c) différent, de part et d'autre de la liaison C=C centrale, par leur substitution, la nature de l'hétéroatome et l'orientation de l'hétérocycle. Ces substances sont utilisés dans plusieurs domaines ; comme colorant en textile, où additifs en produits pharmaceutiques et diagnostiques médicales.

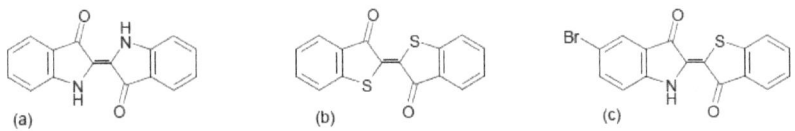

Fig. II.1 : indigo (a), thioindigo (b) et indigoïde asymétrique (c)

III.1.2. Les colorants azoïques

La présence d'un ou plusieurs groupes azo (-N=N-) associes a des groupements auxochromes (-OH ou -NH-) est caractéristique de cette classe de colorants (Fig. II.2). La moitié au moins des colorants azo appartient à la sous-classe monoazo. Ce dernier est peu important dans les colorants directs, ou les formes di- et triazo lui sont préférées pour une plus haute affinité envers la cellulose. Les chromophores azo de couleur jaune sont parfois associes a des anthraquinones ou des phtalocyanines de couleur bleue afin d'obtenir des nuances vertes brillantes.

Ce colorant est très utilisé sur le marché textile, d'où il représente la plus grande production mondiale de cette substance colorante. Ainsi, il peut être sous plusieurs catégories ; colorants directs, acides, à mordants, etc. Aussi, ce colorant est très toxique (cancérigène) et très résistant à la biodégradation.

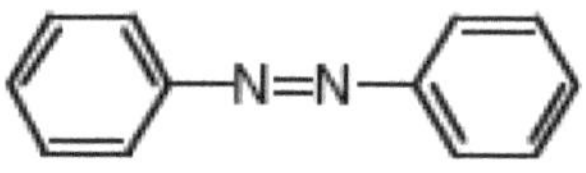

Fig. II.2 : groupement azoïque

III.1.3. Les colorants triphénylméthanes

Il s'agit de la plus ancienne classe des colorants synthétiques. Le colorant triphénylméthane possède une structure qui dérive du méthane pour lequel les atomes d'hydrogène sont remplacés par des groupes phényles substitués. C'est-à-dire un hydrocarbure où on y trouve un carbone central entouré par trois cycles phényliques. Les quelques colorants diarylmethanes (Fig. II.3a) ont peu d'intérêt pratique et il en va de même pour les colorants triarylmethanes (Fig. II.3b), au profit des autres grandes classes. Ces colorants ont connu une certaine importance comme colorants acides, basiques, mordants, dans les gammes de couleurs violet, bleu et vert. Leur noyau aryle n'est pas toujours un benzenoide et les groupes terminaux peuvent être amine/quinonimine, hydroxy/quinone ou les deux. Ces colorant sont utilisés dans nombreuses applications tes que l'industrie papetière, textile, domaine médical et agent antifongique chez la volaille.

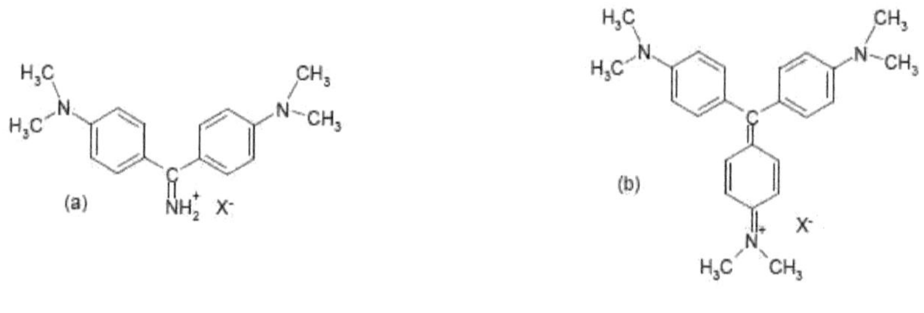

Fig. II.3 : structure générale d'un diarylmethane (a) et d'une triarylmethane (b)

III.1.4. Les colorants anthraquinoniques

Le groupe caractéristique de ces colorants est le noyau anthraquinone (Fig. II.4a), mais il est généralement étendu au terme anthraquinoide pour englober les autres structures quinones polycycliques. Ces dernières sont synthétisées sur base de dérives anthraquinones et la plupart d'entre elles – dibenzopyrenequinone, pyranthrone, isoviolanthrone et violanthrone – démontrent une coloration intense même en absence d'auxochromes.

L'indanthrone (Fig. II. 4b), le premier colorant de cuve polycyclique à être découvert, résulte d'une tentative infructueuse de lier deux noyaux anthraquinone via un chromophore indigoïde. Ces colorants de cuve polycycliques et les nombreux dérivés d'anthraquinone sont applicables comme colorants acides, basiques, disperses, mordants, réactifs ou de cuve. Cette classe est très employée dans l'industrie textile.

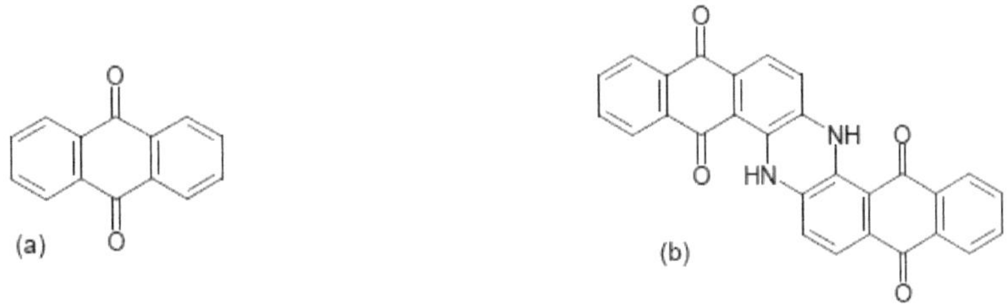

Fig. II.4 : anthraquinone (a) et indanthrone (b)

III.1.5. Les colorants xanthènes

Le chromophore xanthène (Fig. II. 5) est un cycle pyrone forme de deux noyaux aryles lies par un atome d'oxygène. Les groupes terminaux sont semblables à ceux présents sur les colorants triarylmethanes : amino, hydroxy ou les deux. Ils possèdent une grande fluorescence ce qui raisonne leurs grande utilisation comme traceurs d'écoulement où accident maritime. Ainsi, ils sont employés comme colorant alimentaire et cosmétique mais peu appliqué en textile et impression. Ils ont également contribue aux mêmes classes tinctoriales, notamment dans la gamme de couleur rouge, et sont de nos jours en déclin commercial.

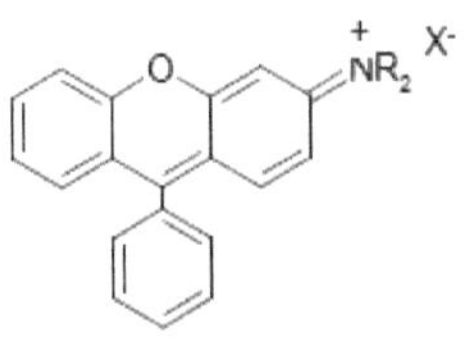

Fig. II.5 : structure générale du chromophore xanthène

III.1.6. Les colorants phtalocyanines

Les colorants phtalocyanines possèdent une structure assez complexe se basant sur un atome central métallique (généralement atome de cuivre). Ces colorants sont obtenus par une réaction du dicyanobenzène en présence d'un halogénure métallique (Cu, Ni, Co, Pt, etc.).

Les couleurs bleues et vertes brillantes sont obtenues a partir des dérivés phtalocyanines (Fig. II.6), sous forme de complexes de cuivre ou non. Ces colorants sont surtout employés comme colorants réactifs ou pigments.

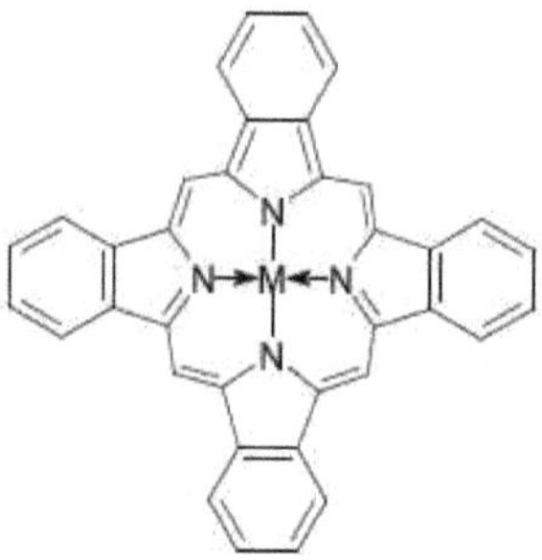

Fig. II.6: structure générale d'un colorant phtalocyanine

III.1.7. Les colorants thiazoles

La caractéristique de ces colorants est le noyau thiazole en lui-même, normalement inclus dans un groupe de type 2-phenylbenzothiazole. Ce sont pour la plupart des colorants directs jaunes de type azophenylthiazole (Fig. II.7a), mais une minorité d'entre eux sont de simples colorants basiques avec un groupe thiazolinium alkyle (Fig. II.7b). Le cycle thiazole augmente l'affinité pour la cellulose et a donc ete incorpore dans certains colorants de cuve anthraquinones et au soufre.

Fig. II.7 : structures générales des colorants thiazoles

III.1.8. Les colorants stilbènes

Ces colorants sont généralement des mélanges de constitution indéterminée semblables aux colorants directs polyazo dans leurs propriétés d'application. Ils résultent d'une auto condensation alcaline de l'acide 4-nitrotoluene-2-sulfonique (Fig. II.8a), ou son produit de condensation initial l'acide 4,4'-dinitrostilbene-2,2'-di sulfonique (Figure 1-12b, X=NO2), soit seuls ou avec diverses arylamines. Leurs chromophores caractéristiques sont les groupes azo- ou azoxy-stilbènes (Fig. II.9a). La plupart des colorants stilbènes servent de colorants directs jaune a brun pour les fibres cellulosiques et le cuir.

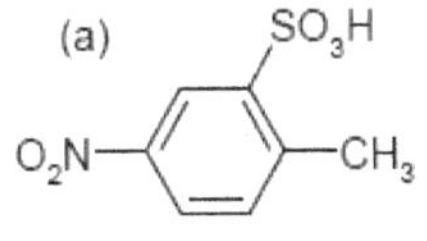

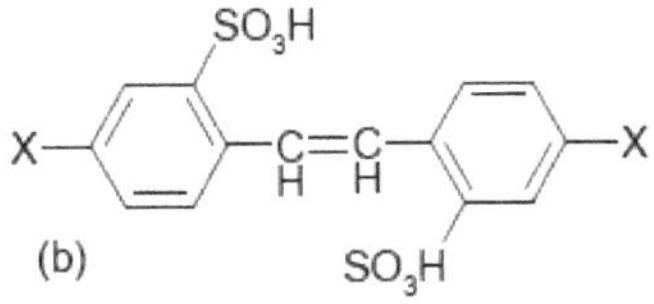

Fig. II.8 : acide 4-nitro-toluene-2-sulfonique (a) et son produit de condensation (b)

Approximativement 75 % des azurants optiques (Whitening & Fluorescent Brightening agents) appartiennent a la classe des stilbènes. Principalement derives de l'acide 4,4'-diaminostilbene-2,2'-disulfonique (Fig. II. 8b, X=NH2), ils sont souvent condenses a des chlorures cyanuriques (Fig. II. 9b) pour tirer avantage de l'affinité pour la cellulose des cycles s-triazine. [9]

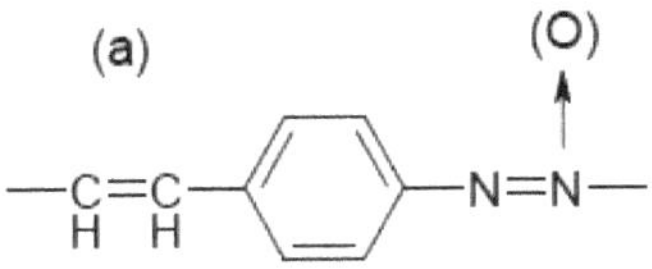

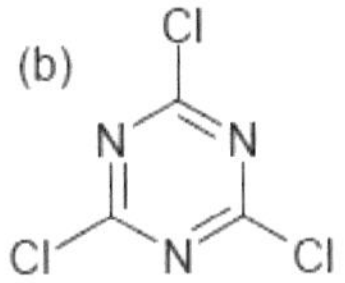

Fig. II.9 : groupe azo(xy)-stilbene (a) et chlorure cyanurique (b)

III.1.9. Les colorants aminocetones

Cette petite classe de dérivés hydroxy quinone (Fig. II.10a), arylamino-quinone (Fig. II .10b) et amino-naphtalimide (Fig. II.10c) est utilisée principalement pour les colorants disperses jaunes et les colorants de cuve rouge-brun, mais ils ont été supplantes par d'autres grandes classes.

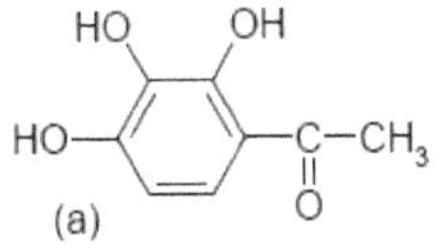

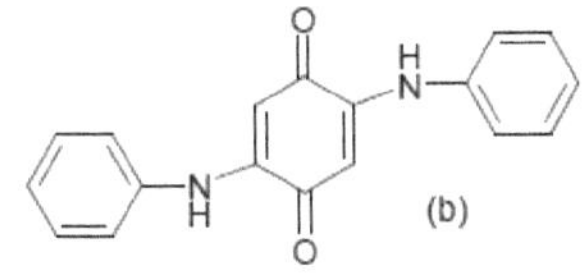

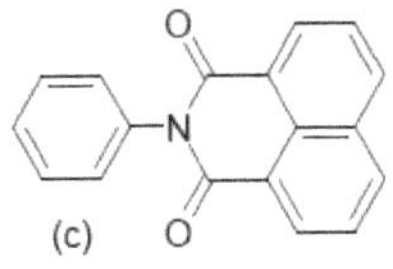

Fig. II. 10 : hydrox quinone (a), arylaminoquinone (b) et aminonaphtalimide (c)

III.1.10. Les colorants formazans

Cette petite famille de colorants bleus a base de complexes de cuivre a récemment contribue aux classes de colorants acides et réactifs. Le chromophore formazan est un groupe chélate tricyclique illustré à la fig. II.11. L'atome métallique se coordonne en position centrale comme pour les colorants phtalocyanines métalliques et les azo complexes métalliques 1:2.

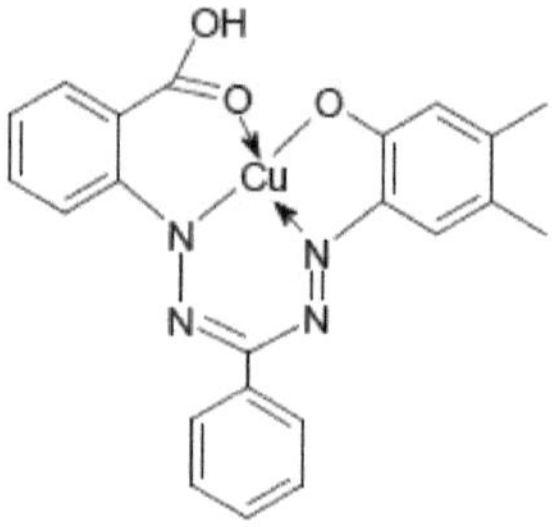

Fig. II. 11 : Structure générale du chromophore formazan

III.1.11. Les colorants azines, oxazines et thiazines

Les groupes chromophores de ces colorants different seulement par le pont central du cycle pyrazine (Fig. II.12a), oxazine (Fig. II. 12b) ou thiazine (Fig. II. 12c). Ces colorants ont perdu de leur importance commerciale, si ce n'est la classe oxazine. Cette dernière s'illustre toujours dans la gamme de colorants bleus brillants contenant le chromophore dioxazine (Fig. II. 12d).

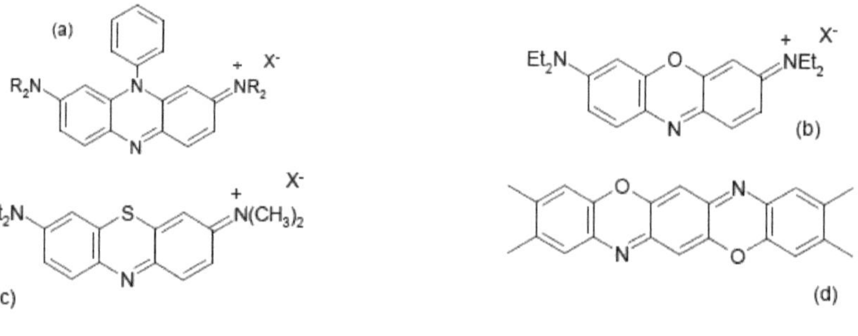

Fig. II.12 : pyrazine (a), oxazine (b), thiazine (c) et dioxazine (d)

III.2. Classification tinctoriale

Cette classification permet au utilisateur de savoir les différentes propriétés du colorant ainsi que leur paramètres d'application à savoir ; solubilité du colorant dans le bain de teinture, son affinité pour les diverses fibres et sur la nature de la fixation. Cette classement est basé sur le type du groupement auxochrome d'où leur appellation classification tinctoriale.

III.2.1. Les Colorants acides

Ces colorants possèdent des groupements sulfonates ou carboxylates permettant leur solubilité dans l'eau (fig. II.13). Ils sont ainsi dénommés car ils permettent de teindre certaines fibres animale (laine et soie) et fibres synthétiques (polyamide) en bain acide. Ils présentent peut d'affinité pour les fibres cellulosiques. Cette classe des colorants est largement utilisés dont la palette de nuances est la plus complète, mais leur inconvénient est la mauvaise à tous les facteurs de dégradation.

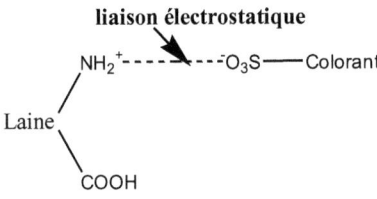

(C.I.Acid Red 27) Rouge Acétacide 2BR (ICI)

Mode de fixation

$$\text{Laine} \begin{cases} NH_2^+ \cdots \xrightarrow{\text{liaison électrostatique}} \cdots {}^-O_3S - \text{Colorant} \\ COOH \end{cases}$$

Fig. II.13 : Molécule colorante et mécanisme de fixation

III.2.2. Les colorants à mordant où chromatables

Les colorants à mordants contiennent généralement un ligand fonctionnel capable de réagir fortement avec un sel d'aluminium. Ils ne peuvent se fixer sur la fibre textile qu'après traitement préalable qui dénommé mordançage (fig. II.14). Ce traitement consiste à précipiter dans la fibre des métaux (Al, Fe, Co, Cr) avec lesquels les colorants pouvaient ensuite former une laque insoluble solidement fixée à la matière textile. Le chrome est en fait le métal le plus utilisé pour former des complexes avec le colorant.

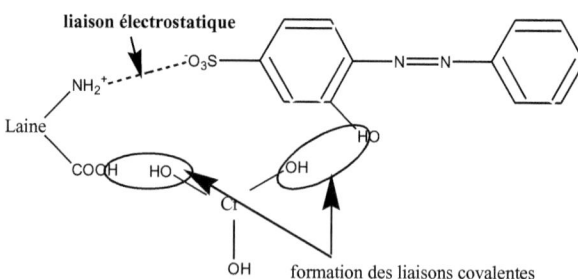

(C.I Mordant Bleu 9) Bleu Erichrome ABR, Ciba Geigy

Mode de fixation

Fig. II. 14 : Molécule colorante et mécanisme de fixation

Ces colorants qui par suite de leur constitution moléculaire, sont capables de donner de combinaisons insolubles c'est à dire des laques avec certains sels métalliques principalement les sels au chrome. Le complexe avec le métal n'est pas formé qu'au cours de l'opération de teinture. Ces colorants sont généralement utilisés pour la teinture de la laine mais ils peuvent être également appliqués sur coton et sur polyamide. Ces colorants présentent d'une façon générale une excellence solidités aux épreuves humides. La plupart d'entre eux ont aussi de très bonnes solidités à la lumière. La laine teinte avec un colorant au chrome semble un peu moins douce. Leur gamme est moins variée que celle des colorants acides et leurs nuances sont généralement moins vives.

Les colorants au chrome sont des colorants acides, et en tant que tels, ils possèdent des groupes SO_3H et COOH. Ces groupes sont capables de réagir avec $Cr(OH)_3$ pour former une laque de chrome insoluble suivant le schéma ci-après :

Le chrome est le métal le plus utilisé pour assurer la liaison entre la laine et le colorant, c'est la raison pour laquelle la plupart de ceux-ci sont désignés par l'appellation de colorants au chrome ou colorants chromatables. On introduit dans le bain de teinture sous forme soluble de bichromate de sodium ou de potassium d'où le mot de « chromatage » qui exprime le fait de transformer en complexe, par addition de bichromate, un colorant déjà fixé sur la laine par teinture.

Suivant le procédé de formation de la laque sur la fibre, les colorants se subdivisent en trois groupes :

- o Colorants chromatables ou « mordançage ultérieur » : la teinture est réalisée de la manière habituelle avec les colorants acides. Le traitement par le chrome s'effectue après teinture.
- o Colorant monochrome ou « mordançage simultané » : on introduit simultanément dans le bain au départ de la teinture le colorant acide et le bichromate.
- o Colorant pour mordant ou « mordançage préalable » : la matière est traitée par le bichromate puis teinte dans un second bain avec le colorant acide. Ce procédé peut convenir pour la teinture du coton.

L'application de l'ion métallique sur la fibre de laine s'appel « mordançage ». On distingue à ce propos trois types de mordançage :

- Mordançage avant teinture.
- Mordançage pendant teinture.

- Mordançage après teinture.

III.2.3. Les colorants métallifères

Ces colorants ont été synthétisés dont le but de faciliter le travail du teinturier en lui évitant l'opération de mordançage. Le métal à été incorporé au colorant lui-même en formant le complexe métallifère (fig. II.15). Ainsi les colorants métallifères sont des colorants contenant un atome métallique (Cr, Ni, Co, etc…). L'atome métallique peut être associé à une molécule de colorant (complexe métallifère 1/1) ou à deux molécules de colorants (complexes métallifère 1/2). Ces colorants permettent de teindre la laine, la soie, le polyamide en nuances très solides, mais en général peu vives.

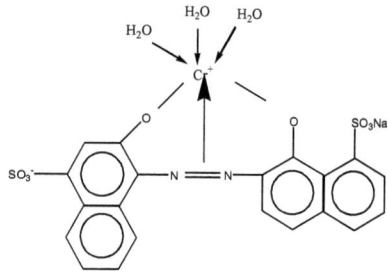

(C.I.acid Blue 158) bleu néolane (CIBA)

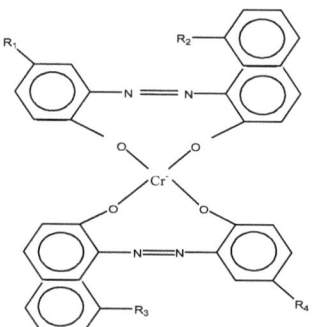

(C.I. Acid black 60) Gris Isolane K-PBL (BAYER)

Mode de fixation

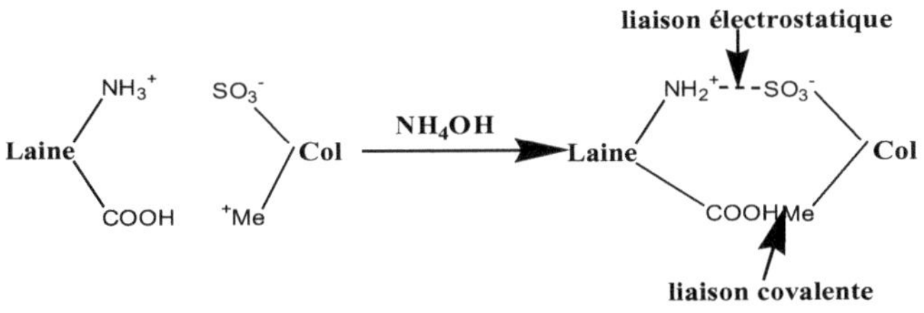

$$\text{Laine}\genfrac{}{}{0pt}{}{NH_3^+ \quad \ ^-SO_3^-}{COOH \quad ^+Me}\text{Col} \xrightarrow{NH_4OH} \text{Laine}\genfrac{}{}{0pt}{}{NH_2^+ - \ ^-SO_3^-}{COOH-Me}\text{Col}$$

liaison électrostatique (en haut)
liaison covalente (en bas)

Fig. II. 15 : Molécule colorante et mécanisme de fixation

Ces colorants ont une très grande affinité pour la laine et leur fixation est semblable à celle des colorants au chrome, c'est à dire, on a un complexe intime entre la fibre et l'atome métallique d'une part, et l'atome métallique et le colorant d'autre part. Cette complexation donne des solidités très bonnes aux épreuves humides et aux frottements.

On distingue deux groupes de colorants métallifères :

- ○ **Les colorants métallifères 1/1** : Ces colorants sont des complexes de chrome qui contiennent 1 atome de chrome par 1 molécule de colorant. En milieu de pH = 3.5 – 5 le colorant est doublement attiré par la fibre ce qui explique la grande affinité envers la laine.

- ○ **Les colorants métallifères ½** : Ces colorants sont des complexes de chrome qui contiennent 1 atome de chrome par 2 molécules de colorants. Ils possèdent généralement une très petite quantité de groupes sulfonés. L'absence de ces groupes augmente les solidités car les liaisons salines faibles diminuent, par contre ces colorants sont solubles par des groupements à haute polarité qui favorisent aussi l'attraction du colorant par la laine chargée positivement. Ces colorants ont une taille très grande ce qui limite leur pouvoir de migration. Pour cette raison on les applique dans un bain faiblement acide avec courte ébullition.

III.2.4. Les colorants directs

Ces colorants peuvent se définir comme des colorants anioniques avec une affinité pour les fibres cellulosiques, appliques dans un bain aqueux contenant un électrolyte. Les forces qui s'opèrent entre le colorant direct et la cellulose sont des ponts hydrogènes, des forces dipolaires et des interactions hydrophobiques, dépendant de la structure et de la polarité du colorant. L'ajout d'électrolyte permet de surpasser les répulsions a longue distance entre le colorant de type anionique et la surface négative de la cellulose pour assurer la formation de ponts hydrogènes a courte distance. Ces ponts assurent l'adsorption via les groupes hydroxyles de la cellulose et favorisent la rétention lorsque les centres électronégatifs de la molécule de colorant sont substitues d'atomes d'hydrogène (comme =N-NH-, -NH2, -CONH , -OH et -SH). La famille des colorants directs est la deuxième en nombre de représentants après les colorants acides et métallifères. Les colorants directs contiennent ou sont capables de former des charges positives ou négatives électrostatiquement attirées par les charges des fibres.

Les colorants directs (également appelés "substantifs") sont des colorants solubles dans l'eau grâce à la présence des groupes sulfoniques éloignés les uns des autres pour éviter la répulsion (potentiel électronégatif). Ils se distinguent des colorants acides par leur affinité pour les fibres cellulosiques.

Ils possèdent une forme linéaire et une structure coplanaire (fig II.16)des noyaux aromatiques entrant dans leur constitution, ainsi ils contiennent des groupes polaires (NH_2, OH) pour la formation des ponts d'hydrogène avec les fibres cellulosiques.

Pour qu'ils soient substantifs, il faut qu'ils possèdent les 4 règles suivantes :

- Planéitude de la molécule.
- 8 liaisons (C=C) au moins.
- Les groupements SO_3Na, qui apporte la solubilité au colorant, doivent être suffisamment éloignés pour éviter un potentiel électronégatif trop élevé.
- La molécule doit être capable de faire des liaisons hydrogène (existence des groupements NH_2, OH…).

Des traitements ultérieurs permettent d'éviter la désorption du colorant, dont le processus de fixation est réversible. La grande majorité de ces colorants sont de type azo (di- ou polyazo), sous forme de complexes de cuivre pour obtenir des couleurs mattes.

Les colorants directs sont généralement des azoïques dérivée de :

Benzidine :

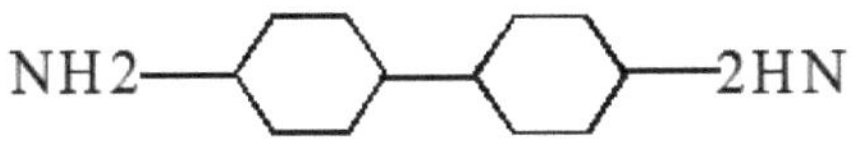

$$NH_2-\bigcirc-\bigcirc-2HN$$

Stylbène :

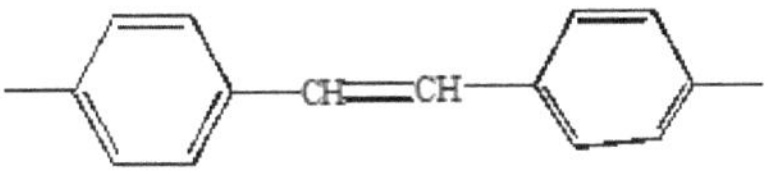

$$-\bigcirc-CH=CH-\bigcirc-$$

Acide J :

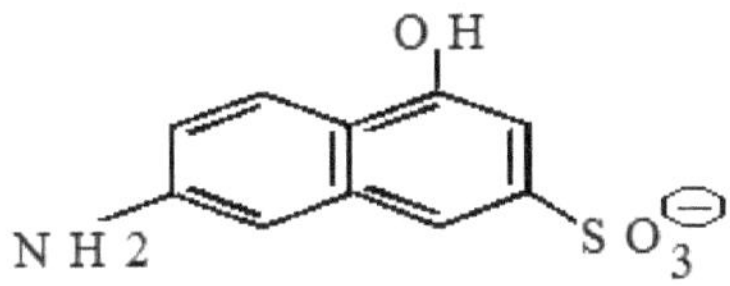

[Structure: naphtalène avec OH, NH2 et SO3⁻]

Ils sont très sensibles à l'eau, si l'eau utilisé au cours de teinture est dure il faut ajouter un séquestrant (EDTA: Ethyl Diamine Tétra Acide), l'eau dure est utilisé au cours de rinçage afin de fixer les sels calcaires qui sont peu soluble dans l'eau.

Ainsi cette classe des colorants à la propriété de teindre les fibres végétales en bain neutre en présence d'électrolytes (NaCl, Na_2SO_4) et d'agent d'unisson (Na_2CO_3), mais ces colorants teignent également les fibres animales.

Les colorants directs peuvent être répartis selon deux classifications distinctes : les groupes d'affinité et la classification S.D.C.

Groupes d'affinité

Le classement en groupes d'affinité tient compte de la proportion de la colorante mise en œuvre qui se fixe en un temps limité sur la fibre, en fonction de la température du bain de teinture.

Groupe I : Comprend les colorants dont l'affinité globale croit constamment avec la température pour atteindre son maximum à l'ébullition du bain.

Groupe II : Comprend les colorants dont l'affinité est maximum pour une température inférieure à 100°C.

Classification SDC

Cette classification tient compte du pouvoir de migration des colorants sur la fibre et de l'action que les électrolytes exercent sur leur vitesse et leur taux de fixation. Selon les critères considérés, les colorants sont répartis en trois classes A, B et C.

Classe A : Colorants migrent facilement, de bon unisson, applicables sans précaution particulière.

Classe B : Colorants migrant aisément mais dont l'affinité croit rapidement à mesure que la concentration du bain en sels est augmentée. Pour que la fixation de ces colorants sur la fibre soit progressive, il est prudent de n'ajouter le sulfate de soude ou le sel marin que graduellement au cours de la teinture.

Classe C : Colorants de forte affinité et d'unisson délicat qui, pour être fixés régulièrement, exigent l'élévation lente de la température du bain et l'addition graduelle, au cours de la teinture, du sulfate ou du chlorure de sodium.

Les avantages principaux de ces colorants sont la grande variété des coloris, leur facilité et leur prix modique. Par contre, leur inconvénient principal réside dans leur faible solidité au mouillé. Ils existent quelques procédés pour améliorer la solidité au lavage tels que:

- La diazotation
- Le remplacement des groupes SO_3Na par SO_3NH_4
- Traitements aux sels métalliques ($CuSO_4$, $K_2Cr_2O_7$)

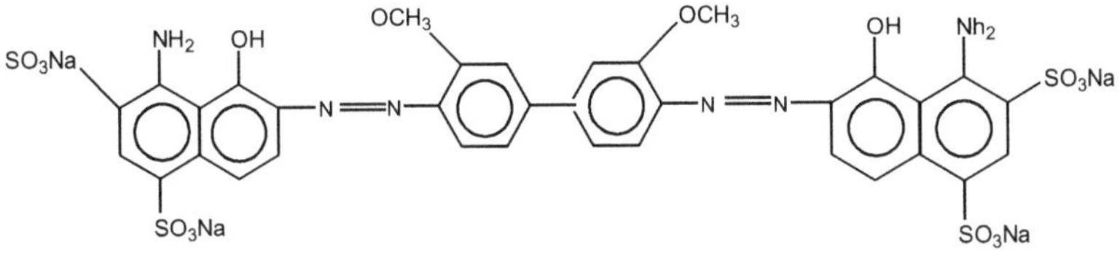

(C.I.Direct Blue 1) Bleu Pur Diazol 6B (ICI)
Bleu Chicago

Fig. II. 16 : Exemple de molécule colorante

III.2.5. Les colorants cationiques

Alors que les colorants acides, les colorants à mordants et les colorants directs sont des anions colorés, les colorants cationiques sont, comme leur nom l'indique, des cations colorés. S'ils étaient initialement dénommés "colorants basiques", on préfère maintenant le qualificatif cationique car c'est la partie cationique de la molécule du colorant qui est responsable des ses propriétés tinctoriales (fig. II. 17).

Ces colorants sont solubles dans l'eau. Ils teignent la soie et la laine en milieu neutre ou faiblement acide, alors qu'ils se fixent sur le coton préalablement traité au tanin.

La vivacité des teintures obtenues est remarquable mais, en contrepartie, ces colorants résistent fort mal à l'action de la lumière; de ce fait ils ne sont plus utilisés pour la teinture des fibres naturelles.

L'apparition des fibres acryliques a donné un regain d'intérêt à cette classe de colorant, car sur ce type, on obtient des coloris très solides même à la lumière.

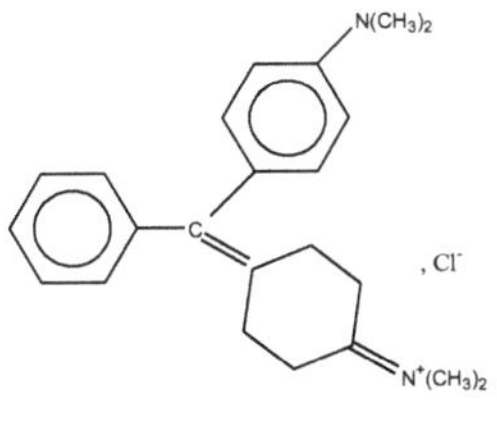

(C.I. Basic Green 4): Vert ASTRASON (BAYER)
Vert malachite

Mode de fixation

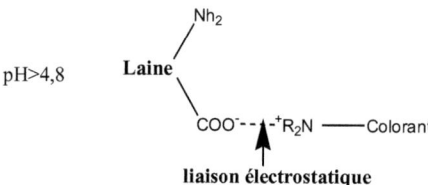

Fig. II. 17 : Molécule colorante et mécanisme de fixation

III.2.6. Les colorants au soufre

Ces colorants ont une structure indéterminée et sont constitues d'un mélange d'espèces chimiques différentes. Leur forme insoluble contient le groupe caractéristique disulfure S-S, elle peut être réduite sous la forme soluble alcaline (leuco). Cette forme montre une affinité pour la cellulose et l'application des colorants au soufre est un processus en trois étapes (Fig. II.18). La dénomination "au soufre" ne désigne pas tous les colorants organiques contenant du soufre dans leur molécule, mais ceux qui, insoluble dans l'eau se dissolvent dans les solutions aqueuses de Na_2S, formant des produits de réductions ayant l'affinité pour le coton. Les colorants au soufre constituent une classe importante de colorants pour les fibres cellulosiques surtout le coton. L'assortiment de ces colorants comporte tous les noirs, les bruns, les bleus marins et les autres nuances ternes.

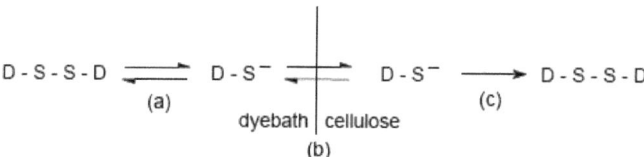

Fig. II. 18 : processus d'application d'un colorant au soufre [10]

Les solidités des teintures aux colorants au soufre et à la lumière aux épreuves humides sont très bonnes. Mais la solidité au chlore c'est-à-dire à l'eau de javel reste faible.

Les colorants au soufre sont d'applications relativement simples et donnent des teintures unies. Leur constitution est mal définie. Ils sont fabriqués selon deux méthodes principales comme le montre le tableau II -2.

Tableau II -2: Méthodes de fabrication des colorants au soufre [11]

Voie sèche	Voie humide
Matières premières (phènols, amines…) + Soufre (HT)	Matières premières (phénols, indophénols, hydrox…) + Polysulfures de sodium (Reflux) eau
Solide Eau + soude caustique + système réducteur	Liquide visqueux Eau + système réducteur
Colorant liquide Forme réduite ↓ ↓ ↓ Jaune Orange Brun jaune	Colorant liquide Forme réduite ↓ ↓ ↓ ↓ Vert bleu Noir Brun rouge

Ces colorants sont obtenus par fusion des différents composés aromatiques avec le soufre, le sulfure où polysulfure de sodium. Un exemple de structure de ces colorants est représenté par la fig. II. 19 [11].

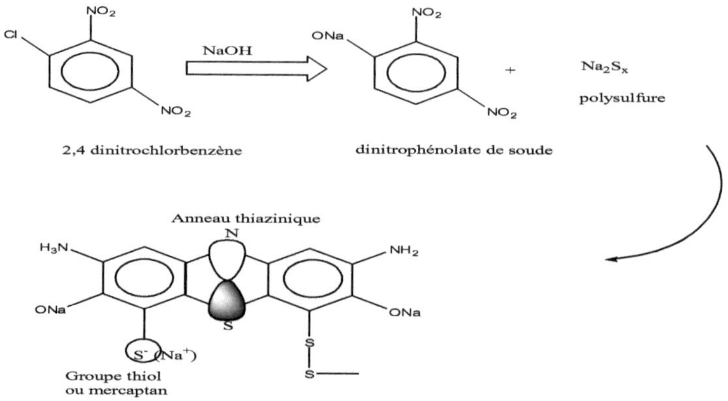

Fig.: Exemple de synthèse d'un colorant au soufre

Ainsi ils comportent dans leur structure des groupes disulfures (—S —S—) où polysulfures (—S —S —S —S —), ce qui explique leurs poids moléculaires assez élevés.

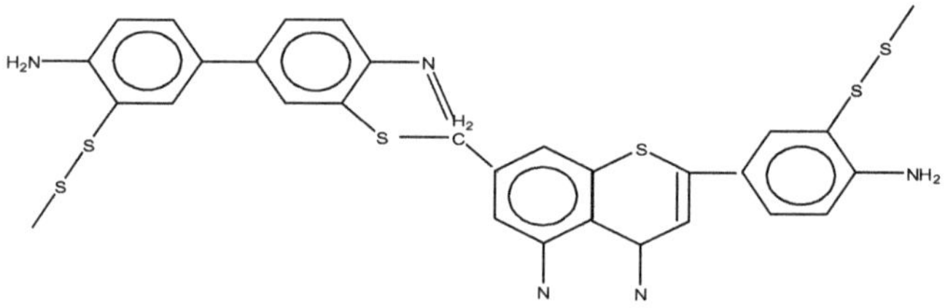

(C.I.Sulfur Yellow)Jaune Thional 2G (Sandoz)

Fig. II. 19: Exemple d'une molécule d'un colorant au soufre

Les colorants au soufre peuvent être classés en trois catégories [12]:

Colorants au soufre insolubles

Qui peuvent être transformés en forme soluble ayant l'affinité pour les fibres cellulosique, par réduction en milieu alcalin.

Colorants au soufre solubilisant

Qui sont insolubles, mais sont commercialisés avec une certaine quantité de sulfure de sodium ce qui permet de les dissoudre dans l'eau chaude.

Colorants au soufre solubles

Qui sont des thiosulfates, obtenus par la modification chimique des leuco-dérivées des colorants au soufre. Cette classe de colorants est parfaitement soluble, mais sans affinité tinctoriale, ils nécessitent la présence d'un agent réducteur pour leur conférer une affinité.

III.2.7. Les colorants de cuve

Parmi les colorants naturels, l'indigo se distinguait des autres par sa mode d'application nécessitant la préparation d'une "cuve"; solution obtenue par réduction alcaline. L'expression "cuve" a été conservée ultérieurement pour désigner toute une série de colorants ayant la caractéristique commune d'être insolubles dans l'eau, mais de se solubiliser par réduction en leuco dérivée possédant de l'affinité pour les fibres.

La réduction des colorants de cuve produit le leuco-dérivé obtenu par addition de deux atomes d'hydrogène sur une molécule colorante fig. II.20) [10].

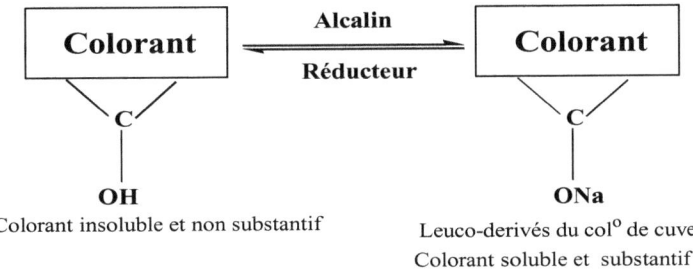

En présence d'un milieu alcalin, ce leuco-dérivé peut donner des sels sodiques, qui présentent trois propriétés :

- Ils sont très solubles dans l'eau
- Ils présentent une affinité pour les fibres cellulosiques
- Ils peuvent régénérer en leur forme initiale de colorant de cuve insoluble suite à une oxydation.

La teinture se termine par une réoxydation amenant le colorant dans la fibre à sa forme insoluble initiale. Cette insolubilisation est à l'origine d'une des qualités principales de ces colorants à savoir leur bonne résistance aux agents de dégradation.

Les colorants de cuve ont des propriétés qui les rapprochent des colorants au soufre mais contrairement à ces derniers, ils sont de constitution bien définie.

En 1921, un dérivé stable et soluble de l'indigo à pu être préparé; ce produit est appelé "indigosol" qui a la propriété de teindre certaines fibres textiles puis de régénérer, par oxydation, la nuance indigo. Ces colorants de cuve solubilisés sont des sels de sodium des esters sulfuriques de leuco dérivée. Après teinture, ces esters sulfuriques sont saponifiés en milieu acide pour former les leuco dérivée qui est oxydé par le nitrite de sodium en colorant de cuve insoluble. Les nuances obtenues sont solides, mais le prix de ces colorants a limité leur utilisation pour des teintures en coloris pastel (jaune clair).

Les colorants de cuve peuvent être classés suivant deux critères :

Classification suivant la structure chimique

- o Dérivés de l'indigo et du Thio-indigo : ils sont des colorants de petite taille et d'affinité aux fibres cellulosiques est moins forte que celle des anthraquinones et des dérivés polycycliques.
- o Dérivés d'anthraquinone : colorants ayant une grande taille, et un grand pouvoir de fixation sur les fibres cellulosiques.
- o Dérivés plycycliques

Classification suivant les conditions de teinture

Les colorants de cuve sont répartis en trois groupes qui se diffèrent par les conditions de réduction et de teinture dans le bain des colorants réduits.

- o IN: c'est la famille qui présente l'affinité la plus élevée 'grande masse moléculaire); elle nécessite beaucoup de soude, d'agent réducteur et peu de sel.
- o IW: cette famille présente une affinité moyenne et de ce fait nécessite peu de soude, d'agent réducteur et plus de sel.
- o IK: faible affinité (faible masse moléculaire), nécessite peu de soude, d'agent réducteur et beaucoup de sel.

Colorant de cuve (série indigo)

Colorant de cuve (série anthraquinone)

Colorant Indigosol:C.I Solubilised Vat Blue 1

Mode de fixation

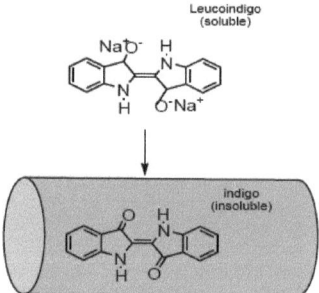

Fig. II.20 : Molécule colorante et mécanisme de fixation

III.2.8. Les colorants réactifs

Les colorants réactifs présentent la classe la plus récente des colorants. Ils doivent leur appellation à leur mode de fixation à la fibre (fig II.21). Les colorants réactifs contiennent des groupes chromophores issus essentiellement des familles azoïques, anthraquinonique et phtalocyanine.

Leur molécule contient un groupement chromophore et une fonction chimique réactive assurant la formation d'une liaison covalente avec les fibres, soit en réagissant avec les groupes hydroxyle de la cellulose, soit les groupes amino de la laine ou du polyamide.

Du fait de l'existence d'une liaison covalente entre fibre et colorant, on pourrait logiquement attribuer à priori une grande stabilité à la teinture en colorants réactifs. Cependant en réalité on n'atteint pas tout à fait le haut niveau de solidité que l'on était en droit d'espérer. Il faut surtout noter une résistance médiocre aux intempéries et au chlore [10].

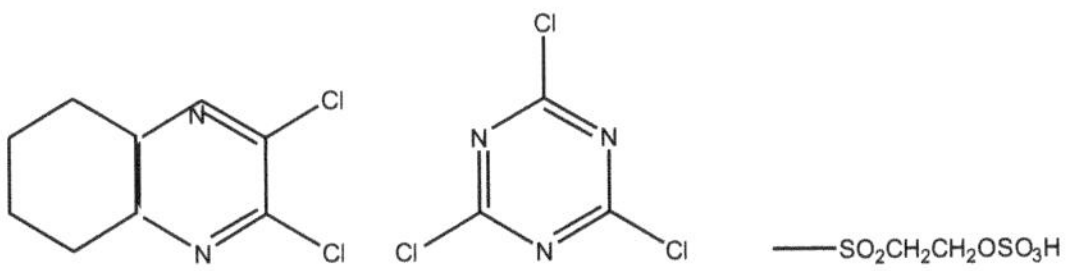

dichloroquinoxaline (DCQ) Trichlorotriazinz (TCT) Vinylsulfone (VS)

exemples de fonctions réactives

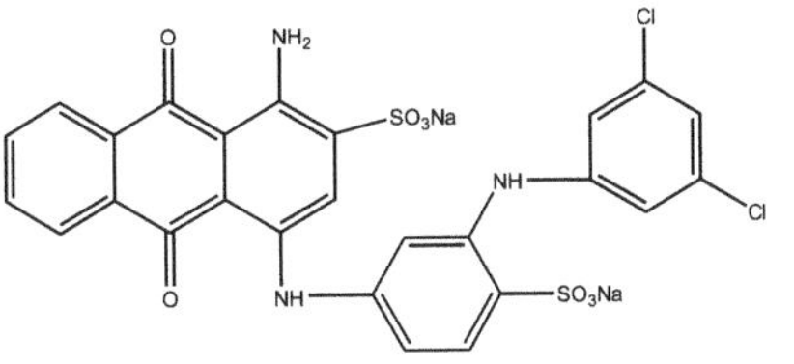

(C.I. Reactive Blue 4) Bleu Procion MX-R (ICI)

Fig. II.21 : Molécule colorante et mécanisme de fixation

Tableau II-3 ; Tableau de réactivité croissante

Groupes réactifs (réactivité croissante)	T° (C) de teinture	Durée de teinture (h)
TCP (tricholopyrimidine)	85-95	-
MCT (monochlorotriazine)	70-85	24-48
DCQ (dichloroquinoxaline)	50-80	8-24
VS (vinylsulfone)	40-80	2-12
MFT (monofluorotriazine)	40-60	3-12
DFCP (difluorochloropyrimidine)	40-60	2-16
DCT (dichlorotriazinz)	30-60	2-16

La réactivité des colorants dépend du système réactif et influe sur le procédé de teinture. Les colorants de grande réactivité (colorants au froid) peuvent former les liaisons covalentes avec la fibre à basse température, et envers, les colorants avec la réactivité plus basse colorants à chaud) nécessitent la température plus haute pour réagir avec la fibre.

Par ailleurs, les colorants réactifs se composent en trois parties :
- ✓ Une partie chromogène, qui apporte la couleur au colorant.
- ✓ Des groupements solubilisant permettant au colorant d'être soluble.
- ✓ Une partie réactive permettant la fixation du colorant.

Le schéma simplifié d'un colorant réactif est le suivant :

La fixation de ces colorants sur la fibre s'effectue en deux étapes :

- 1ère étape : Le colorant se fixe sur la fibre par substantivité, grâce à des liaisons de faible énergie (liaisons de Van der Waals).
- 2ème étape : Au cours de cette étape des liaisons de covalence et de forte énergie s'effectuent comme suit :

$$Col - X + cell - OH \longrightarrow HX + cell - O - Col$$

Il est aussi possible de faire une réaction d'addition, dans ce cas le groupement réactif est de type vinyl - sulfoné.

$$Col - SO_2 - CH = CH_2 + cell - OH \longrightarrow cell - SO_2 - CH_2 - Col.$$

Au cours de la teinture, on a deux réactions qui entrent en jeu : l'une est une réaction de fixation du colorant sur la fibre et l'autre est une réaction d'hydrolyse du colorant qui est la suivante :

$$Col - X + H_2O \longrightarrow Col - OH + HX$$

Enfin, il faut signaler que les colorants réactifs se composent en deux groupes : les colorants réactifs à chaud et les colorants réactifs à froid. Les colorants réactifs à froid sont les plus réactifs. Pour éviter une hydrolyse de leurs groupements réactifs, il faut procéder à une teinture à froid (T= 40°C). Par contre, les colorants réactifs à chaud sont les moins réactifs, ce qui permet de teindre à chaud.

III.2.9. Les colorants azoïques

Les colorants développés ou azoïques insolubles sont formés directement sur la fibre (fig.II.22). Il est possible de traiter les fibres textiles à l'aide des produits intermédiaires pouvant pénétrer dans les fibres et susceptibles de former in situ un colorant azoïque insoluble, emprisonné dans la fibre. Le processus de fabrication du colorant est basé sur des réactions de diazotation-copulation. Au cours d'une première étape, le support textile est imprégné d'une solution de naphtol (copulant). L'autre substance était une base aromatique aminée que l'on diazotait sous l'action de l'acide nitreux. La matière naphtolée était traitée avec la solution du sel de diazonium, avec formation immédiate du colorant azoïque.

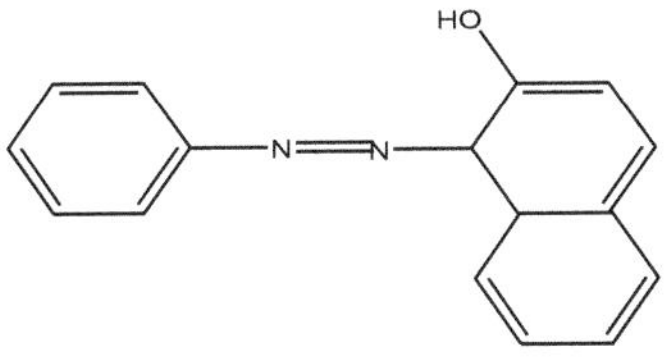

Schéma de colorant Naphtol

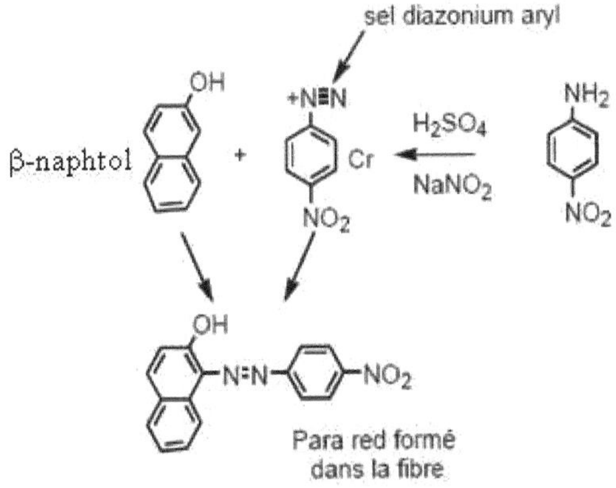

Fig. II. 22 : Molécule colorante

III.2.10. Les colorants plastosolubles (dispersés)

L'apparition de l'acétate de cellulose, puis des fibres synthétiques proprement dites a posé de nombreux problèmes du point de vue tinctorial et a rendu nécessaire la fabrication de nouveaux types de colorants.

Ces nouveaux colorants sont insolubles et la teinture s'effectue non plus en les solubilisant mais en les mettant en suspension dans l'eau sous forme d'une fine dispersion, d'où le nom colorants "dispersés" qui leur fut donné initialement.

Ces colorants sont généralement de nature azoïque ou anthraquinonique (fig. II. 23) et se fixent dans les fibres synthétiques sous la forme d'une solution solide, d'où leur dénomination "plastosolubles".

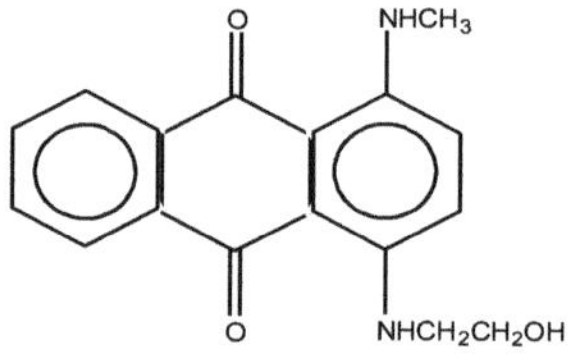

(C.I.Disperse Blue 3) Bleu Celliton FFR (BASF)

Fig. II.23 : Molécule colorante

III.2.11. Les colorants d'oxydation

L'aniline (fig. II. 24) se condense sur elle-même en présence de substances oxydantes jusqu'à produire une molécule de plus en plus complexe. Ainsi en partant d'une fibre imprégnée de chlorhydrate d'aniline, on peut former dans la fibre un colorant, insoluble et très solide, notamment à la lumière et au lavage.

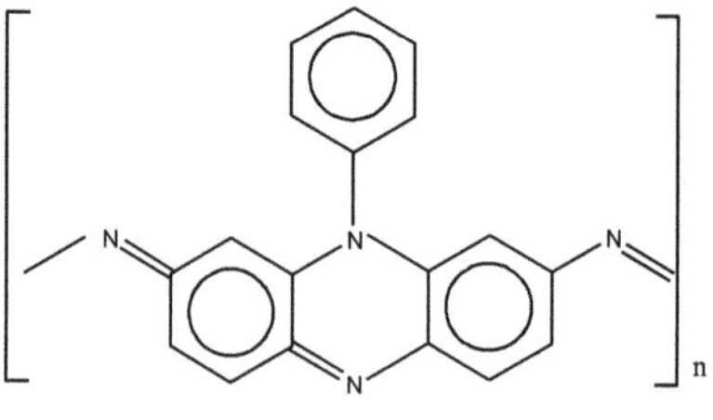

Noir d'aniline

Fig. II. 24 : Molécule colorante

III.2.12. Pigments colorés

Ils sont d'origines diverses, certains sont simplement des produits minéraux (noir de fumée, blanc. Quelques uns appartiennent à des classes de colorants (cuve, azoïques,…), d'autres résultent de synthèse particulière (les dérivés de phtalocyanine). Les pigments sont des molécules colorées insolubles dans l'eau et n'ayant aucune affinité pour les fibres. Leur pénétration à l'intérieur de la fibre est impossible d'où ils sont fixé à la surface de la matière textile à l'aide d'un liant. Les pigments sont essentiellement utilisés en impression textile.

III.3. Autres classification

On peut classer également ces différentes familles de colorants suivant leur solubilité dans l'eau comme suit:

- *Les colorants solubles :* Colorants à mordant, colorants acides, colorants métallifères, colorants cationiques, colorants directs et colorants réactifs.
- *Les colorants insolubles dans l'eau :* Colorant au soufre et colorants de cuve
- *Les colorants dispersés :* Colorants plastosolubles
- *Les colorants insolubles formés sur fibre :* Colorants azoïques insolubles et colorants d'oxydation.

IV. LES PRODUITS AUXILIAIRES

IV.1. Les tensioactifs

Les tensioactifs peuvent être naturels ou synthétiques, ont la particularité de comporter une tête polaire (hydrophile) qui possède une affinité pour l'eau, et une queue apolaire (lipophile) formée le plus souvent d'une ou de plusieurs chaînes hydrocarbonées, ayant une affinité avec les huiles ou d'une manière générale avec des surfaces peu polaires.

La classification des agents de surface est fondée sur la structure de la molécule, ou plus exactement du type de dissociation qu'ils subissent dans l'eau.

IV.2. Les différentes catégories de tensioactifs

IV.2.1. Les tensioactifs anioniques

Ce sont les plus utilisés en raison de leurs excellentes propriétés détergentes. Ils comportent une partie hydrophile chargée négativement (carboxylate, sulfate, sulfonate où phosphate). La partie lipophile est généralement une chaîne hydrocarbonée linéaire ou ramifiée de douze à quinze carbones.

- Les sulfonates (R-SO$_3$-)
- Les sulfates (R-O-SO$_3$-)
- Les carboxylates (RCOOH)
- Les dérivés phosphatés

IV.2.2. Les tensioactifs non ioniques

La partie hydrophile est en général un éther de polyglycol ((CH$_2$-CH$_2$-O)n) qui permet en milieu neutre ou alcalin la formation de liaisons hydrogène avec l'eau. Ils possèdent une faible sensibilité à la dureté de l'eau et au pH, ainsi que de faibles concentrations micellaires critiques (CMC).

D'autre part, ces tensioactifs sont moins sensibles aux électrolytes et peuvent être utilisés en présence d'une forte salinité. Ils sont de bons détergents, agents mouillants et émulsifiants.

- Les alcools gras
- Les éthers
- Les alkyls polyglucosides (APG, R-O-(Glu)n)
- Les alkanolamides (RCONHCH$_2$CH$_2$OH)
- Les acides gras éthoxylés (R-COO-(CH$_2$-CH$_2$-O)n-H)
- Les oxydes d'amine (R-N(CH$_3$)$_2$-O)

IV.2.3. Les tensioactifs cationiques

Ces tensioactifs possèdent un ou plusieurs groupements fonctionnels s'ionisant dans l'eau en produisant des ions organiques chargés positivement et responsables de l'activité de surface.

Généralement, ils sont des composés azotés de type sels d'amine grasse ou d'ammonium quaternaire.

IV.2.4. Les tensioactifs amphotères

Les tensioactifs amphotères possèdent deux groupes fonctionnels, l'un anionique, l'autre cationique. Ils sont réellement amphotères car ils possèdent les deux charges à la fois, et présentent souvent un minimum d'activité superficielle. Le caractère anionique est dû à la présence d'un groupe acide (COOH ou SO$_3$H) et le caractère cationique à un groupe azote lié à une longue chaîne grasse. Ils sont des produits insensibles aux agents de dureté, sensible au pH et compatible avec les électrolytes.

IV.3. Les propriétés chimiques des tensioactifs

Les caractéristiques physico-chimiques des tensioactifs sont décrites essentiellement par la concentration micellaire critique (CMC), la balance hydrophile-lipophile (HLB).

IV.3.1. La concentration micellaire critique (CMC)

Elle représente la concentration à laquelle les molécules de tensioactifs vont s'associer pour former des agrégats appelés "micelles" responsables des propriétés de solubilisation et de détergence. La CMC dépend de la température et de la présence d'autres composés dans la préparation. Pour obtenir une action détergente optimale, il est en général préférable que la concentration du tensioactif soit proche de la CMC.

IV.3.2. Le rapport hydrophile-lipophile (HLB)

Le HLB est généralement compris entre 1 et 50. Il décrit la polarité des différentes molécules de tensioactifs. Il dépend de l'importance de la partie hydrophile dans le tensioactif. Une valeur de HLB supérieur que 20 indique que le tensioactif est très soluble. Le HLB est déterminé à une température bien déterminé et il varie en fonction des compositions de la solution.

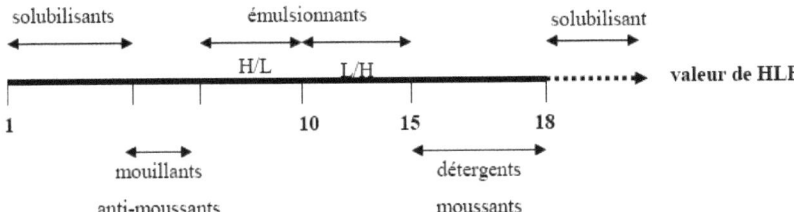

H : hydrophile

L : lipophile (hydrophobe)

IV.4. Les adjuvants

Les adjuvants peuvent être définis comme des composés qui permettent de construire le système détergent autour de l'action spécifique des tensioactifs. Ils peuvent être classés en trois catégories : les agents de pH, les agents phosphatés et les complexants.

IV.5. Les agents de pH

- Les hydroxydes de métal alcalin
- Les carbonates
- Les borates

IV.6. Les agents phosphatés

- Les phosphates simples
- Les phosphates complexes

IV.7. Les complexants

- Les complexants minéraux
- Les complexants organiques

IV.8. Les additifs divers

IV.8.1. Les charges

Il permet de diminuer la solubilité de l'agent de surface, ce qui provoque une augmentation de la concentration moléculaire en surface du liquide et une amélioration du pouvoir mouillant de la solution.

IV.8.2. Les épaississants

Souvent de la famille des carboxymethylcelluloses, ils servent à épaissir et à stabiliser certaines formules liquides, et améliorent le pouvoir anti-redéposition des détergents. Ils changent la charge électrique des particules en suspension. Ils changent les propriétés stériques et électriques de la surface des fibres.

IV.8.3. Les agents dispersants

Ces matériaux sont classiquement des homopolymères ou des copolymères. Ils agissent par absorption des salissures donnant de ce fait un haut degré de répulsion électrostatique et stérique minimisant la floculation et la redéposition.

IV.8.4. Les antimousses

Ils agissent par l'un des deux mécanismes suivants:

- Evitent la formation de la mousse
- Accélèrent la destruction de la mousse

IV.8.5. Les enzymes

Ils sont utilisés pour éliminer les souillures organiques lorsque les produits détergents classiques sont trop agressifs. Leur défaut principal est la sensibilité à la chaleur et au pH.

IV.8.6. Les agents de blanchiment

Un agent de blanchiment est un composé qui peut enlever la couleur d'un substrat au moyen d'une réaction chimique de type oxydation ou réduction qui dégrade de façon irréversible le système coloré. Les agents de blanchiment sont classés en trois catégories :

- les agents réducteurs (de type sulfite ou bisulfite),

- les composés chlorés,

- les composés capables de libérer de l'oxygène actif.

IV.8.7. Les diluants

Ce sont des agents chimiques inertes, généralement choisies en fonction de leurs propriétés à savoir:

- Hydrosolubilité
- Pouvoir adsorbant ou absorbant
- Réglage du pH

IV.8.8. Les mouillants

Ils peuvent être utilisés pour compenser les propriétés hydrofuges et de favoriser la mouillabilité.

IV.8.9. Azurage optique

Un azurant optique est en réalité un colorant, mais au lieu du synthèse chromophore qui caractérise les colorants, il contient un système fluorescent et certains substituants qui favorisent son affinité pour le type de fibre auquel il est destiné. Il modifie l'aspect des matières textiles de deux façons différentes : premièrement, il augmente la réflectance et par conséquent la luminance ; en second, et ceci est beaucoup plus important, il déplace la nuance du jaune vers le bleu.

L'azurage est réalisé avec des produits fluorescents dont la propriété est d'absorber les rayons ultraviolets invisibles dans la lumière solaire et en réfléchissant des radiations bleu violettes visibles. En effet il y a neutralisation de la teinte jaunâtre résiduelle comme avec les colorants au pigment bleu ; de plus il réfléchit la lumière visible qu'il reçoit, et on obtient ainsi un corps fluorescent tout en augmentant la luminosité du blanc.

L'utilisation des azurants optiques sur la laine est identique à celui sur le coton. Il faut noter un effet spécifique de la laine blanchi au peroxyde : la tendance au jaunissement par la lumière est plus ou moins accélérée par les azurants optiques qui jouent un rôle cde catalyseur de ce jaunissement.

REFERENCES BIBLIOGRAPHIQUES

[1] de BROGLIE, L. (1924). Recherches sur la théorie des quanta. Thèse de doctorat.

[2] DORDET, Y. (1990). La colorimétrie. Principes et applications. Eyrolles.

[3] BRUN, L. (2002). Traitements d'images couleurs et pyramides combinatoires, Mémoire d'Habilitation à Diriger des Recherches. Université de Reims.

[4] MACADAM, D. (1942). Visual sensivities to color differences in daylight. 32:247-274.

[5] MAXWELL, J. (1860). On the theory of compound colours and the relations of the colours of the spectrum. In Proceedings of the Royal Society of London, volume 10, pages 404-484.

[6] Dordet, Colorimétrie, Principes et Applications. Eyrolles.

[7] Welham A., The theory of dyeing (and the secret of life). J. Soc. Dyers Colour. 116 (2000) 140-143.

[8] Zollinger H., Color Chemistry. Synthesis, Properties and Applications of Organic Dyes and Pigments, 2nd Ed, VCH, 1991.

[9] Guivarch E. Traitement des polluants organiques en milieux aqueux par le procédé électrochimique d'oxydation avancée « Electro-Fenton ». Application à la minéralisation des colorants synthétiques, Thèse de doctorat de l'université de Marne-la-Vallée, 2004.

[10] J. Shore, Historical Development and classification of colorants & Dye structure and application properties (Chapters 1 & 3), in Colorants and auxiliaries: Organic chemistry and application properties, Vol.1 : Colorants, J. Shore, Ed., Society of Dyers and Colourists : Bradford, 1990.

[11] les nouveaux colorants au soufre, Industrie Textile N° 1307 mars 1999

[12] Chapter 4 Sulfur dye and their application , J.R, Aspland, JSDC, March-April 1992

I want morebooks!

Buy your books fast and straightforward online - at one of the world's fastest growing online book stores! Environmentally sound due to Print-on-Demand technologies.

Buy your books online at

www.get-morebooks.com

Achetez vos livres en ligne, vite et bien, sur l'une des librairies en ligne les plus performantes au monde!
En protégeant nos ressources et notre environnement grâce à l'impression à la demande.

La librairie en ligne pour acheter plus vite
www.morebooks.fr

OmniScriptum Marketing DEU GmbH
Heinrich-Böcking-Str. 6-8
D - 66121 Saarbrücken
Telefax: +49 681 93 81 567-9

info@omniscriptum.com
www.omniscriptum.com

Printed by Books on Demand GmbH, Norderstedt / Germany